动态键驱动高性能高分子材料

常冠军 杨 莉 黄 英等 著

科 学 出 版 社

北 京

内 容 简 介

本书系统地介绍聚合物的增强增韧方法、可循环利用聚合物的研究现状、动态键的概述、金属配位作用驱动可循环高性能聚合物的制备技术、氢键驱动可循环高性能聚合物的制备技术、阳离子-π 相互作用驱动可循环高性能聚合物的制备技术及高性能聚合物的应用等。

本书可供高分子、材料等相关专业的教学与科研人员参考使用。

图书在版编目（CIP）数据

动态键驱动高性能高分子材料 / 常冠军等著. —北京：科学出版社，2024.3

ISBN 978-7-03-075332-8

Ⅰ. ①动…　Ⅱ. ①常…　Ⅲ. ①高分子材料　Ⅳ. ①TB324

中国国家版本馆 CIP 数据核字（2023）第 056682 号

责任编辑：郑述方 / 责任校对：彭　映
责任印制：罗　科 / 封面设计：墨创文化

科 学 出 版 社 出版
北京东黄城根北街 16 号
邮政编码：100717
http://www.sciencep.com

成都锦瑞印刷有限责任公司 印刷
科学出版社发行　各地新华书店经销

*

2024 年 3 月第 一 版　开本：B5（720×1000）
2024 年 3 月第一次印刷　印张：8 3/4　插页：2
字数：182 000
定价：**99.00 元**
（如有印装质量问题，我社负责调换）

《动态键驱动高性能高分子材料》编委会

编委会成员（按姓氏拼音排序）：

常冠军	古 松	黄华川	黄 英	贾 坤
康 明	李东鑫	李 娃	李秀云	林润雄
马松琪	马腾宁	王大鹏	王 强	王庆富
王占华	翁更生	吴锦荣	徐业伟	徐 艺
杨 莉	杨世恩	袁 瑞	张龙飞	张新星
张彦峰				

前　言

　　高性能聚合物由于其优异的力学性能被广泛应用在航空航天、微电子等高新技术领域，在军民两大领域发挥着不可或缺的重要作用。近年来，基于我国科学技术的不断进步和深空探测等国家重大工程的迫切需求，研究开发具有更高力学强度、更高玻璃化转变温度、更高使用温度的聚合物成为热点。此外，科技部制定的《"十三五"材料领域科技创新专项规划》也明确指出高性能聚合物是重点发展的先进结构材料之一。目前，传统高性能聚合物已经不能满足我国战略要求。虽然通过化学交联的方式可以提高聚合物的力学强度，然而其韧性往往变差。另外，交联后的聚合物很难再循环利用，也不能重铸，且废弃材料只能用燃烧、废渣填埋等方法处理，不符合我国"碳达峰、碳中和"的远景目标。因此，亟待开发高强度、高韧性、高热稳定性且能够循环再利用的新一代高性能聚合物。由于动态键所形成的超分子结构具有可控且特殊的空间结构、物理可逆性等多种优异的物理化学性能，因此，通过超分子网络体系的建立可实现新型可回收高强韧聚合物的构筑。一方面，在聚合物体系中，动态键在断裂和重新结合的过程中不仅耗散能量，而且保证了交联网络的完整性，并承担了分子间的应力传递，有效地阻止了聚合物材料宏观断裂发生之前力学性能的丧失，表现出显著的增强增韧效果。另一方面，由动态键形成的这种物理交联方式在外界条件刺激下可快速解除，从而实现聚合物的回收和循环利用。

　　本书以传统的聚醚砜和聚醚酮等刚性骨架为聚合物主链结构，在聚合物主链或侧链引入配位基团、分子间可形成氢键的基团、分子间可形成阳离子-π 相互作用的基团，通过"点-点"金属配位、"点-点"氢键、"点-面"阳离子-π 相互作用的方式成功实现高强韧聚合物材料的构筑。与传统高性能聚合物相比，本书中构筑的聚合物具有更高的玻璃化转变温度和更高的力学性能，可以应用在温度更高的苛刻环境中，同时通过动态键的解除实现对高强韧聚合物的回收和循环利用，为新一代高性能聚合物的回收和循环利用提供理论基础。需要说明的是，书中的 Zn^{2+} 来源于 $ZnCl_2$，Cu^{2+} 来源于 $CuCl_2 \cdot 2H_2O$ 或 $Cu(OAc)_2$。

　　本书的研究工作是在国家自然科学基金项目（金属配位交联高性能聚合物的构筑及其络合/解离机理研究，21504073；聚合物链间阳离子-π 相互作用的构筑与作用机理的研究，11447215；基于动态阳离子-π 作用高强韧高分子材料的结构调控与构效机制研究，21973076；高效电致化学发光体超薄金属-有机框架纳米片的设计构筑及环境分析应用研究，22006122）、四川省杰出青年培育基金项目（金属骨架高性能聚吲哚薄膜的构筑及其循环利用研究，2016JQ0055）、四川省教育厅重点项目（金属配位交联高性能聚合物的构筑及循环利用，16ZA0136；阳离子-π交联聚芳吲哚的构筑及其高强度树脂的制备研究，18ZA0495）、四川省杰出青年科技人才基金项目（高强韧的激光聚变聚合物薄膜研制，2021JDJQ0033）、四川省科技厅应用基础研究项目（基于阳离子-π 相互作用构筑激光聚变靶用金属掺杂多孔材料，2021YJ0059）、四川省自然科学基金项目（基于动态阳离子-π作用构筑可回收高强韧石墨烯/碳纤维/环氧树脂复合材料，2022NSFSC0310）、四川省科技厅中央引导地方科技发展项目（动态键驱动力致可伸缩高弹塑料的增强增韧机制，2022ZYD0025）等的支持下开展的新一代高强韧可回收聚合物研究。本书的很多工作得到了环境友好能源材料国家重点实验室、中国工程物理研究院等单位的支持，作者对提供过帮助的相关单位和同仁表示最衷心的感谢。

　　本书注重由浅入深、循序渐进、简练语言、提高信息量和数据的可靠性。若本书的出版发行能对我国高性能高分子材料研究的发展有一定的促进作用，作者将感到十分欣慰。

　　由于作者的知识水平有限，书中难免存在疏漏之处，敬请读者批评指正。

作　者
2022 年 9 月

目　　录

第1章 高性能聚合物概述

人类发展历史证明，材料是社会进步、人类赖以生存和发展的物质基础，是工业革命的先导，是科学与工业技术发展的基础，关系到国民经济、社会发展和国家安全，是国家综合实力的重要标志。聚合物材料是材料领域的新秀，它的出现带来了材料领域的重大变革，在尖端科技、国防建设和国民经济等领域得到了广泛的应用[1]。然而，随着航空航天、电子信息、汽车工业等领域诸多技术的发展，进入 21 世纪以来，人们对聚合物材料提出了越来越高的要求。传统聚合物已不能满足人们更为广泛的应用需求，因此，需要研发力学性能和耐热性能更加优异的新型聚合物材料。

高性能聚合物因采用了化学交联的方式而具有较高的热稳定性和力学强度，但化学交联后的聚合物通常存在以下问题：①很难再循环利用，不能重铸，废弃材料只能用燃烧成废渣填埋法处理；②交联后材料的韧性一般随着力学强度的提高而下降，容易在外界瞬间冲击下断裂[2]。随着人们对高性能聚合物的需求量不断提高，高性能交联聚合物材料的回收和循环再利用将成为我国面临的难题。因此，聚合物需要朝着可循环利用的方向发展，从而满足人们对高性能聚合物更为苛刻的性能要求。

本章对高性能聚合物的特点、分类及应用，聚合物增强增韧研究进展，可循环利用高性能聚合物的研究概况进行简要介绍。

1.1 高性能聚合物简介

1.1.1 高性能聚合物的特点

高性能聚合物是指以耐高温、力学性能优异、稳定性好、在较高温度下可连续使用为主要性能特征的一类合成高分子材料，其化学结构特点是分子结构中含有大量的芳环或芳杂环，分子链刚性较大。高性能聚合物材料发展于 20 世纪 50 年代，具有优良的综合性能，主要表现为刚性大、蠕变小、机械强度高、耐热性好、电绝缘性好和可在较苛刻的化学、物理环境中长久使用，在材料领域占据了非常重要的地位。高性能聚合物材料克服了传统聚合物材料不耐高温、易老化等方面的不足，是航空航天、军事装备、精密机械及电子设备、医疗等领域不可或缺的关键材料。

1.1.2　高性能聚合物的分类

　　高性能聚合物材料种类繁多，根据性能可将聚合物分为热塑性聚合物和热固性聚合物。热塑性聚合物具有线性分子结构，以及受热软化、冷却硬化的特性，无论重复加热和冷却多少次，均能保持这种特性，主要品种有聚芳醚酮、聚芳醚砜等。热固性聚合物是指在加热、加压条件下或在固化剂、紫外光等作用下进行化学反应，交联固化后形成的不溶不熔的刚性材料。因此，热固性聚合物与热塑性聚合物不同，一旦成型或固化，就不能再通过加热来重新塑形[3]。热固性聚合物在固化后，由于分子间交联，形成网状结构，因此刚性大、硬度高、耐高温、不易燃、制品尺寸稳定性好，但性脆。热固性聚合物的耐热性、耐化学侵蚀性、机械强度和硬度随交联密度的增加而提高，主要品种有酚醛树脂、环氧树脂、不饱和聚酯树脂等。另外，众多研究者对传统高性能聚合物进行了改性以拓展其应用领域，也研发了新型的高性能聚合物材料，如聚苯并噁嗪树脂、聚六氢三嗪树脂等[4-7]。

1. 聚芳醚酮

　　聚芳醚酮是芳基上由一个或一个以上醚键和一个或一个以上酮基连接而成的半晶态芳香族热塑性高聚物。聚芳醚酮分子结构中含有刚性的苯环，因此具有优良的耐高温性能、力学性能、电绝缘性以及耐辐射和耐化学品性等特点。按分子链中醚键、酮基与苯环连接次序和比例的不同，主要将其分为聚醚酮（PEK）、聚醚醚酮（PEEK）、聚醚酮酮（PEKK）、聚醚醚酮酮（PEEKK）等几类，结构式如图 1-1 所示。

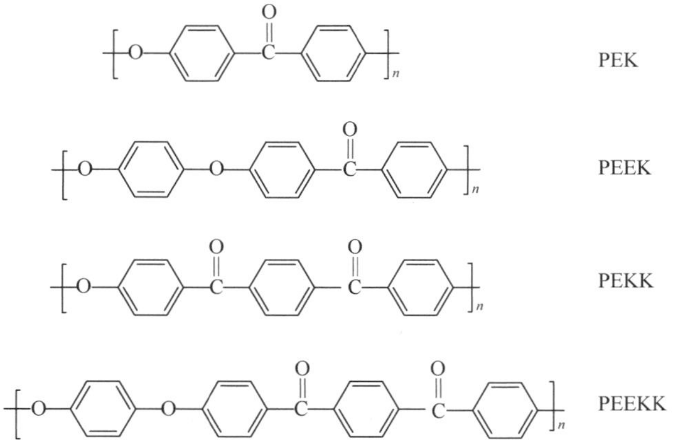

图 1-1　聚芳醚酮的结构式

2. 聚芳醚砜

聚芳醚砜是一种应用广泛的高性能热塑性聚合物，主链由砜基和醚键等组成。和聚芳醚酮类似，聚芳醚砜也具有耐高温、耐腐蚀、强度高、热稳定性良好、力学性能优异等优点。目前，具有代表性的聚芳醚砜有以下三种：双酚 A 型聚砜（PSF）、聚芳砜（PASF）和聚醚砜（PES），结构式如图 1-2 所示。

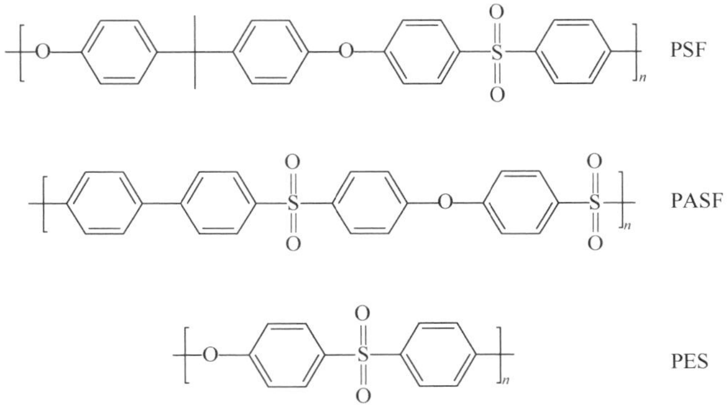

图 1-2　聚芳醚砜的结构式

3. 酚醛树脂

酚醛树脂是酚类化合物与醛类化合物缩聚形成的树脂，其中以在碱性条件下苯酚和甲醛进行缩聚反应形成的酚醛树脂最为重要，结构式如图 1-3 所示[8]。该酚醛树脂是一种热固性树脂，被认为是最早实现工业化生产的合成树脂，自 1910 年首次生产以来，已有一百多年的历史。热固性酚醛树脂受热后呈不熔状态，其固化物具有良好的耐酸、耐碱和耐热性能。

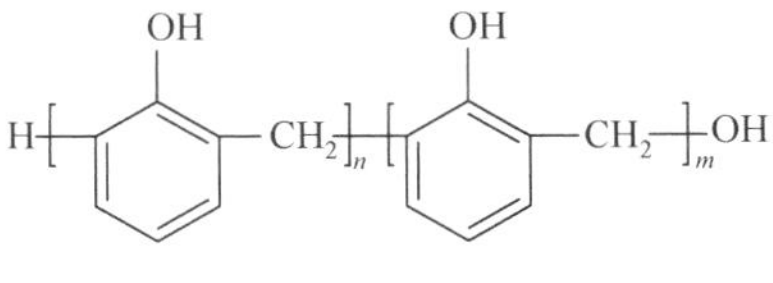

图 1-3　酚醛树脂的结构式

4. 环氧树脂

环氧树脂是重要的聚合物之一，即分子中含有两个或两个以上环氧基团的线性高分子化合物，经与多种类型的固化剂（如胺类、酸酐类等）发生交联反应生成三维网络结构聚合物[9]。由于固化剂的不同，固化后的环氧树脂的形态和热力学性能各不相同。环氧树脂主要有五种类型，分别为缩水甘油醚类、缩水甘油酯类、缩水甘油胺类、线性脂肪族类和脂环族类，结构式如图 1-4 所示。固化后的环氧树脂具有优异的黏接强度、良好的介电性能、较小的收缩率、高硬度、较好的柔韧性、耐碱和耐溶剂性。

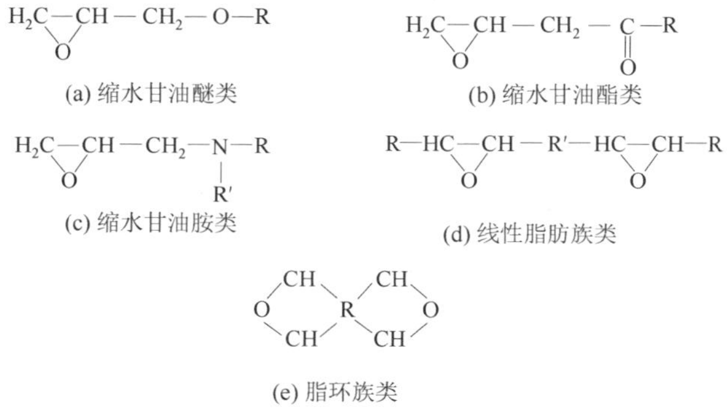

(a) 缩水甘油醚类　　　　(b) 缩水甘油酯类

(c) 缩水甘油胺类　　　　(d) 线性脂肪族类

(e) 脂环族类

图 1-4　环氧树脂的结构式

5. 不饱和聚酯树脂

不饱和聚酯树脂是由多元酸与多元醇发生酯化后缩聚而成的具有酯键和不饱和双键的线性高分子化合物，经过交联单体或活性溶剂稀释形成的具有一定黏度的聚合物[10]。典型的不饱和聚酯树脂的结构式如图 1-5 所示（G 表示二元醇的二价烷基；R 表示饱和二元酸中的芳基；x、y 表示聚合度）。不饱和聚酯树脂固化时无挥发性副产物，在常温下几乎可 100%固化。

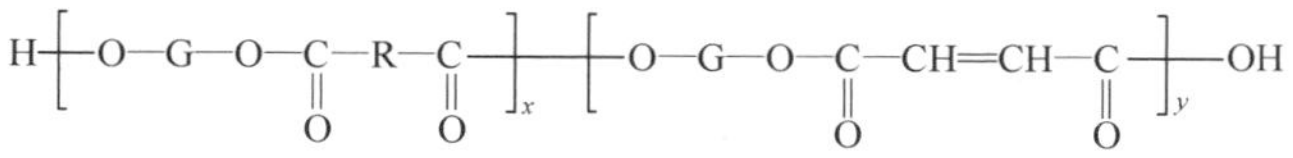

图 1-5　不饱和聚酯树脂的结构式

6. 聚苯并噁嗪树脂

聚苯并噁嗪树脂作为一种新型的聚合物，是苯并噁嗪单体在加热或催化剂作用下发生开环聚合反应形成的树脂，具有无缩合交联、体积收缩率接近于零、玻璃化转变温度高、降解温度高等优点[11]。聚苯并噁嗪树脂的结构式如图 1-6 所示，其制备过程分两步进行：第一步，以酚类化合物、伯胺类化合物和甲醛为原料，经曼尼希反应合成含氮原子和氧原子的苯并六元杂环化合物——苯并噁嗪；第二步，在加热或催化剂作用下发生开环聚合反应形成聚苯并噁嗪树脂。

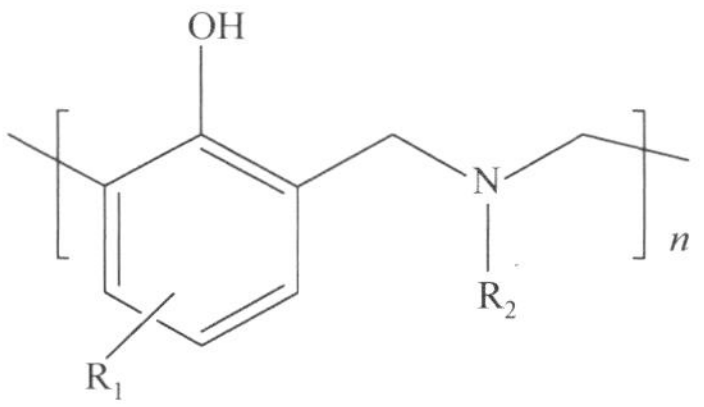

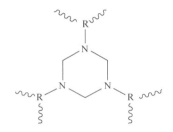

图 1-6　聚苯并噁嗪树脂的结构式

7. 聚六氢三嗪树脂

聚六氢三嗪树脂是以多聚甲醛和不同结构的二胺为底物经过高温关环制备得到的一类新型高性能聚合物，结构式如图 1-7 所示[12]。聚六氢三嗪树脂具有良好的刚度和优异的热稳定性。此外，聚六氢三嗪树脂可以在温和的酸性条件下回收变成最初的原料，实现交联聚合物的重构和循环利用。

图 1-7　聚六氢三嗪树脂的结构式

1.1.3　高性能聚合物的应用

高性能聚合物具有优异的机械性能、出色的耐热性能和耐化学性能等，已被广泛应用于航空航天、电子封装、海洋勘探、船舶制造等领域。例如，聚合物因具有收缩率低、耐热性好、密着性强、水密性好、绝缘性好、易于加工、配方可操作性强等优势，在 20 世纪 90 年代初被应用在机翼、机身等大型主承力构件中。此外，通过引入改性剂，聚合物还可用于光电子、多媒体、电信、能源存储和生产、医疗应用等高新技术领域。

1.2　聚合物增强增韧研究进展

聚合物虽然具有优异的综合性能，但是其某些缺点限制了自身的进一步发展，主要表现为脆性大、容易产生应力开裂、成膜性差等[4]。为了保证其能够长期安全使用，必须对聚合物进行增强增韧改性。国内外研究者对改性做了大量的研究工作，改性方法主要分为两大类：①分子结构的改性，如对其进行共价交联、形成互穿网络结构等；②第二相的引入，如橡胶、热塑性树脂、刚性纳米粒子等[13]。

1.2.1　分子结构的改性

1. 共价交联

共价交联高性能聚合物是指在化学或物理条件下，由于聚合物链之间发生化学反应，形成化学键而交联成网络结构的高性能聚合物。聚合物交联后，其力学性能、耐溶剂性能、热稳定性能以及抗蠕变性均会得到不同程度的提高，进而扩大高性能聚合物的应用范围。近年来，不少学者利用这种方式对聚合物的结构进行改性以提高聚合物的强度和韧性。共价交联增强增韧主要包括以下两种方式：①向刚性聚合物中引入柔性链，柔性链段的引入形式通常分为在聚合物主链引入和接枝在聚合物侧链及嵌入聚合物体系；②调整共价交联密度，过高或过低的交联密度不利于增强聚合物的机械性能，因此可通过调节交联密度来调整聚合物的强度与韧性。Dai 等[14]通过巯基-烯点击反应将柔性链引入环氧树脂网络中，合成了一种增韧、柔性、疏水的环氧树脂（DGEBDBP）（图 1-8），随后将不同质量分数的 E44、DGEBDBP 和聚酰胺固化剂混合，制得柔性环氧树脂。长烷基侧链显著改善了环氧树脂的力学性能和疏水性。当 DGEBDBP 的掺杂量为 75%、E44 的掺杂量为 25% 时，试样断裂伸长率最高，为纯 E44 的 9 倍，抗压强度最高为 112.8MPa，接触角最高为 101.4°。将柔性链通过巯基-烯点击反应引入聚合物侧链，为设计和制备多功能聚合物提供了一种简单有效的方法。

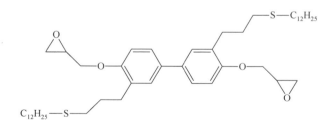

图 1-8　DGEBDBP 的结构式

2. 互穿网络

互穿聚合物网络（IPN）是通过永久缠结将交联聚合物紧密结合而形成的一类独特的聚合物共混物（图 1-9）。将两种或两种以上聚合物成分的理想特性结合起来，是控制网络拓扑结构的有效方法，可赋予聚合物优异的综合性能，从而满足实际应用要求[15]。聚氨酯（PU）具有优异的弹性、耐磨性和阻尼特性，而环氧树脂（EP）交联网络具有较高的机械强度和附着力。PU/EP 互穿网络的玻璃化转变行为取决于两种聚合物之间的相容性，通过改变聚合物的微观结构和互穿网络的形成程度，可以调节 PU/EP 互穿网络的力学特性。Han 等[16]先利用 PU 聚合物中的 NCO 基团与环氧树脂侧链上的 OH 基团进行接枝反应，再利用刚性棒状 4, 4′-双(6-羟基己氧基)联苯（BHHBP）单元将其连接，形成互穿网络型聚合物，该聚合物表现出较高的断裂能。

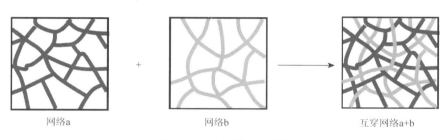

网络a　　　　　　　　　　网络b　　　　　　　　互穿网络a+b

图 1-9　IPN 的形成示意图

1.2.2　第二相的引入

1. 橡胶

橡胶是一种高弹性的聚合物，被广泛用于增韧高性能聚合物。最先发展起来的橡胶增韧剂是丁二烯-丙烯腈聚合物（BN）家族以及由它们衍生出来的一些不同取代基封端的共聚物，包括不同丙烯腈含量的端基为羟基结构的丁二烯-丙烯腈共聚物（HTBN）、端基为胺基结构的丁二烯-丙烯腈共聚物（ATBN）、端基为环氧结构的丁二烯-丙烯腈共聚物（ETBN）、端基为乙烯基结构的丁二烯-丙烯腈共聚物（VTBN）等[17]。另外，端基为羟基结构的丁二烯（HTPB）、不同取代基封端的聚（2-乙基己基丙烯酸酯）、壳核橡胶、嵌段共聚物橡胶等也用于聚合物的增韧[18]。比如，利用橡胶中的活性官能团（羧基、氨基、羟基等）和环氧树脂中的环氧基团反应，参与到固化过程中，橡胶链段嵌入三维网络中，固化后形成微相分离的"海岛结构"，这种结构可以有效地阻止裂纹扩散，达到增韧的效果。Zhao 等[19]以二乙基甲苯二胺为固化剂，用纳米羧基丁腈橡胶作为增韧剂，提高了双酚 F 二缩水甘油醚在 77K 时的拉伸强度和断裂韧性。未改性环氧树脂的断裂表面光滑，表现出脆性断裂的典型特征，而纳米橡胶改性后的环氧树脂断裂表面比较粗糙，断裂韧性显著提高。总之，引入纳米橡胶后，橡胶的低温抗拉强度和断裂韧性同时增强，且杨氏模量和断裂韧性高于室温下的杨氏模量和断裂韧性。

2. 热塑性树脂

热塑性树脂具有良好的力学性能、耐热性和易加工成型等优点，是常用的增韧剂之一[20]。使用较多的热塑性树脂主要有聚醚酮、聚酰亚胺、聚砜和聚碳酸酯等[21]。热塑性树脂的加入提高了聚合物的韧性，并拓宽它们在建筑、航空航天、汽车等领域的应用前景。20 世纪 60 年代末至 20 世纪 70 年代初，热塑性树脂首次被用于增韧聚合物。进入 20 世纪 80 年代后，热塑性树脂增韧聚合物的方法被广泛研究。Lee 等[22]采用聚醚砜作为增韧剂提高三缩水甘油基对氨基苯酚型环氧树脂的力学性能和热性能，其拉伸强度、冲击强度和断裂韧性分别提高了 44%、35%和 11%，热稳定性提高了 17%。这归因于环氧树脂网络和线性聚醚砜组成的半互穿聚合物网络的均匀分布（图 1-10）。

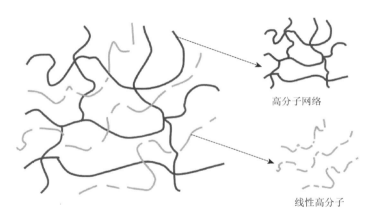

高分子网络

线性高分子

图 1-10　环氧树脂网络和线性聚醚砜组成的半互穿聚合物网络的示意图

3. 刚性纳米粒子

纳米填料最明显的特征是至少有一维处于纳米尺度（通常为 1～100nm）。纳米黏土、碳纳米管、纳米二氧化硅、二硫化钼、氮化硼以及石墨烯等商业纳米材料的出现，为在纳米尺度范围内增韧聚合物开辟了新的潜在途径[23-33]。由于纳米填料具有较大的表面积，只需要少量的纳米填料，聚合物的机械性能、物理性能和热性能就会发生显著变化。2009 年，Rafiee 等[30]首次探索了石墨烯对环氧树脂的增韧能力。加入质量分数为 0.1%的石墨烯片后，环氧基体的 KIC 和 GIC 分别提高了 53%和 126%。目前，研究者针对石墨烯和石墨烯衍生物对环氧树脂的增韧能力及相应的增韧机理进行了广泛而深入的研究。此外，Eksik 等[31]通过将 MoS_2 剥成片状，然后使其均匀分散在环氧树脂基体中，制备了复合材料，发现 MoS_2 纳米片在掺杂量（质量分数低于 0.2%）非常低的情况下仍可有效增强环氧树脂的机械性能。

1.3　可循环利用高性能聚合物的研究概况

传统的聚合物大多为高度交联热固性材料,具有不溶不熔的特点,面临废弃后如何处理或回收的问题。传统方式如机械回收、掩埋或者焚烧等,不仅浪费资源,而且破坏生态环境。因此,开发可回收的交联高性能聚合物具有重要意义。近年来,利用动态共价键或非共价键构造交联点,使聚合物既具有较好的性能,又能在相对温和的条件(如热、光、pH 等的刺激)下进行解交联,有望实现聚合物的绿色降解和回收。典型的动态共价交联聚合物包括基于二硫键构筑的动态交联聚合物、基于亚胺键构筑的动态交联聚合物、基于第尔斯-阿尔德(Diels-Alder)反应构筑的动态交联聚合物、基于缩醛胺构筑的动态交联聚合物、基于硼氧键构筑的动态交联聚合物等。相比动态共价交联聚合物,动态非共价交联聚合物研究还处于起步阶段,本书后续章节将详细介绍基于动态非共价键构筑聚合物研究的进展。

1.3.1　基于二硫键构筑的动态交联聚合物

二硫键是硫醇的衍生物,因键能比碳碳单键和碳氢键弱,两个硫原子之间的化学键容易断裂,随后不同二硫键中的硫原子相互连接,形成新的化学键,因此可以在温和条件下进行键交换,在聚合物中引入动态二硫键,赋予聚合物材料可回收性[34],如图 1-11 所示。Ruiz 等[35]将环氧树脂与二硫化物动态交联,开发了一种新型的含二硫键的环氧树脂类玻璃高分子。该树脂可以用于纤维增强聚合物复合材料的制备,具有可再生、可修复、可回收等优点,广泛应用于汽车、航空、建筑和风力发电等领域。Zhou 等[36]通过含二硫键的双官能团环氧单体与 4, 4′-二氨基二苯二硫醚反应,合成了一种新型双二硫键热固性动态环氧网络玻璃体。该种材料是基于动态共价交联的聚合物,既能以动态方式进行可逆化学键交换,又在整体上保持交联结构,从而使得聚合物能像热塑性聚合物一样实现再加工和自修复,具备良好的可再加工性和循环利用性。

图 1-11　基于二硫键构筑动态交联聚合物的示意图

1.3.2　基于亚胺键构筑的动态交联聚合物

亚胺键—C═N—,也称为席夫碱键,由胺与含有活性羰基的醛、酮等经缩合反

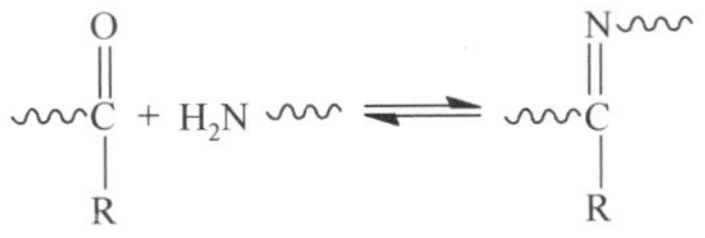

图 1-12 基于亚胺键构筑动态交联聚合物的示意图

应生成,是一类具有可逆性质的动态共价键。利用席夫碱键的动态平衡,能够制备可循环利用的聚合物[37],如图 1-12 所示。Zhao 和 Abu-Omar[38]利用亚胺键的动态性,通过设计合成含亚胺键的双酚功能单体并使其进一步生成缩水甘油醚后与商业聚醚胺(固化剂)交联,制备了新型可再生热固性环氧树脂。与之前报道的双酚 A 类热固性环氧树脂相比,该树脂不仅具有相当高的热稳定性和机械性能,而且还可基于亚胺键的交换反应在酸、加热或水的刺激下实现聚合物的循环利用和再加工成型,而无须借助金属催化、补加功能单体或苛刻的加工过程,极具应用潜能。

1.3.3 基于 Diels-Alder 反应构筑的动态交联聚合物

Diels-Alder(DA)反应是一种热可逆反应,指含活泼双键或三键的化合物(亲双烯体)与共轭二烯类化合物(双烯体)进行 1,4-加成生成环状化合物,该反应具有反应条件温和、反应速率快、应用范围广等优点,是制备环状化合物的重要反应[39]。将能发生 DA 反应的特征官能团引入聚合物中可制备能循环利用的新型聚合物材料[40],如图 1-13 所示。Kuang 等[41]以呋喃和马来酰亚胺组成的 DA 加合物为二胺交联剂,并使其与环氧低聚物反应,制备了一种新型的具有可回收性和自愈性的可逆交联环氧树脂。交联态和线性结构之间的可逆转变使固化的环氧树脂具有可快速回收和反复固化的特性。

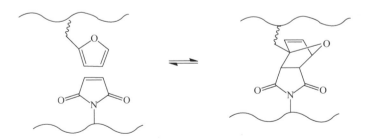

图 1-13 基于 DA 反应构筑动态交联聚合物的示意图

1.3.4 基于缩醛胺构筑的动态交联聚合物

缩醛是一种可通过 pH 快速可控降解的基团,常被用于有机合成中的保护基团。缩醛胺类动态交联聚合物是由含有两个—NH₂ 单元的单体与多聚甲醛在低温(约50℃)下聚合而成的一类动态共价交联聚合物。例如,García 等[42]利用刚性较强的

4,4′-二氨基二苯醚与多聚甲醛反应制备了一种聚合物材料，如图 1-14 所示。该材料具有较高的刚性和热稳定性，其杨氏模量高达 6.3GPa，玻璃化转变温度高达 125℃，可在低 pH 的酸性水溶液中回收。

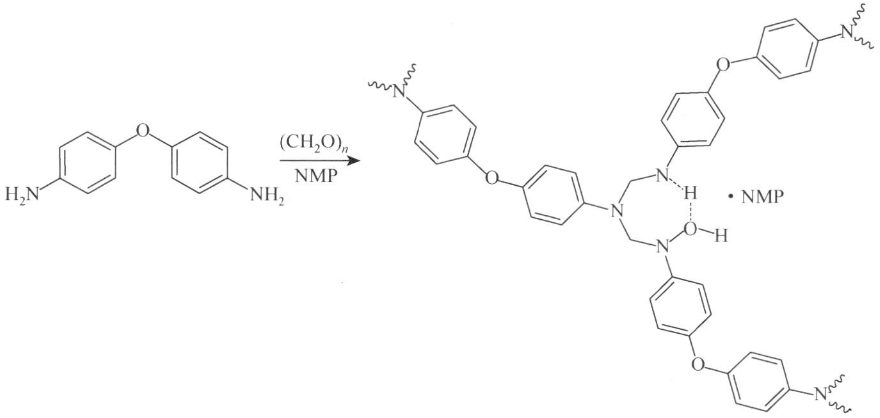

图 1-14　基于缩醛胺构筑动态交联聚合物的示意图

缩醛胺动态共价网络经过高温进一步环化后可形成具有更高杨氏模量和热稳定性的聚六氢三嗪树脂。聚六氢三嗪树脂是近年来新开发的一种树脂，可在 pH<2 的酸性水溶液中回收，具有突出的力学和热学性能。2014 年，García 团队[42]首次报道了该类树脂，即 4,4-二氨基二苯醚（ODA）与多聚甲醛先在低温下反应生成缩醛胺动态交联网络，后在 200℃下环化生成聚六氢三嗪树脂，如图 1-15 所示。该树脂的杨氏模量高达 14GPa，玻璃化转变温度高达 193℃。

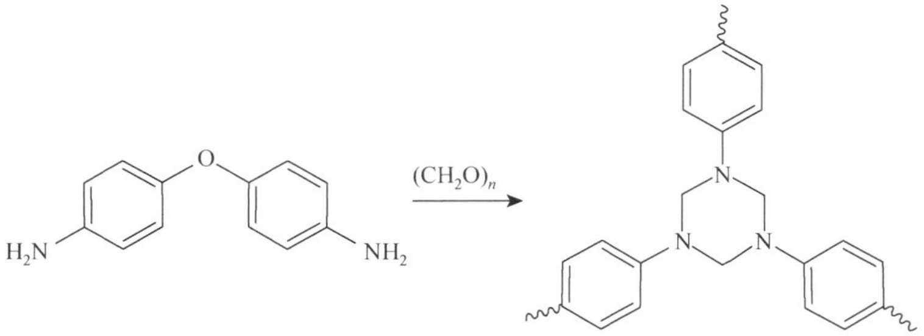

图 1-15　聚六氢三嗪树脂的制备示意图

1.3.5　基于硼氧键构筑的动态交联聚合物

硼氧键（B—O）是最强的共价化学键之一，其键能高达 515kJ·mol^{-1}，因此引入硼氧键有助于提高材料的强度。同时，硼氧键具有高的热稳定性，可以在加热条件下可逆形成，在水或醇存在条件下断裂。利用硼氧键的动态可逆性，能够制备可循环利用的聚合物，如图1-16所示。Lu等[43]通过采用环硼氧烷动态交联低分子量聚芳醚酮，制备了高机械强度的超分子热固性聚合物。通过调整聚芳醚酮的分子量，制备的聚合物的拉伸强度可达60.5～97.8MPa，杨氏模量可达1.59～4.10GPa。由于硼氧键的高可逆性,热固性树脂在二氧六环/乙醇混合溶剂中非常容易被再加工和回收，能恢复其原有的机械强度。

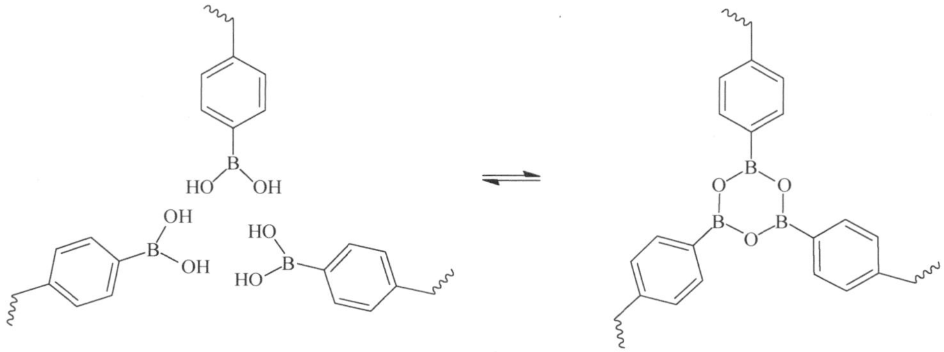

图 1-16　基于硼氧键构筑动态交联聚合物的示意图

参 考 文 献

[1] 陈杰，马春柳，刘邦，等. 热固性树脂及其固化剂的研究进展. 塑料科技，2019，47（2）：95-102.

[2] 黄毅，顾宜. 高性能聚合物功能化研究进展. 材料导报，2000，14（5）：40-44.

[3] Beckwith S W. Resins technology-thermosets and thermoplastics. Sampe Journal，2018，54（3）：30-31.

[4] 郭晓彤，刘娟，周亚平. 热固性树脂改性研究现状. 塑料工业，2020，48（S1）：19-25.

[5] 吴娇娇，赵春霞，李运超，等. 苯并噁嗪树脂的功能改性研究进展. 化工新型材料，2021，49（12）：8-11.

[6] Arslan M，Kiskan B，Yagci Y. Benzoxazine-based thermosets with autonomous self-healing ability. Macromolecules，2015，48（5）：1329-1334.

[7] 麻乐，袁彦超，刘诗博，等. 可循环回收利用的本征导热聚六氢三嗪树脂研究. 高分子学报，2021，52（9）：1156-1164.

[8] Pizzi A，Ibeh C C. Phenol-formaldehydes//Handbook of thermoset plastics（third edition）.Amsterdam：Elsevier，2014：13-44.

[9] Jin F L，Li X，Park S J. Synthesis and application of epoxy resins：a review. Journal of Industrial and Engineering Chemistry，2015，29：1-11.

[10] Kandelbauer A，Tondi G，Zaske O C，et al. Unsaturated polyesters and vinyl esters// Handbook of Thermoset Plastics（third edition）.Amsterdam：Elsevier，2014：111-172.

[11] Santhosh Kumar K S，Reghunadhan Nair C P. Polybenzoxazine-new generation phenolics//Handbook of thermoset plastics（third edition）. Amstserdam：Elsevier，2014：45-73.

[12] Kaminker R，Callaway E B，Dolinski N D，et al. Solvent-free synthesis of high-performance polyhexahydrotriazine （PHT） thermosets. Chemistry of Materials，2018，30（22）：8352-8358.

[13] Unnikrishnan K P，Thachil E T. Toughening of epoxy resins. Designed Monomers and Polymers，2006，9（2）：129-152.

[14] Dai X Y，Li P H，Sui Y L，et al. Synthesis and performance of flexible epoxy resin with long alkyl side chains via click reaction. Journal of Polymer Science，2021，59（7）：627-637.

[15] Farooq U，Teuwen J，Dransfeld C. Toughening of epoxy systems with interpenetrating polymer network（IPN）：a review. Polymers，2020，12（9）：1908.

[16] Han J L，Lin S P，Ji S B，et al. Graft interpenetrating polymer networks of polyurethane and epoxy containing rigid rods in side chain. Journal of Applied Polymer Science，2007，106（5）：3298-3307.

[17] Bagheri R，Marouf B T，Pearson R A. Rubber-toughened epoxies：a critical review. Polymer Reviews，2009，49（3）：201-225.

[18] Xu S A，Song X X. Introduction to rubber toughened epoxy polymers//Handbook of epoxy blends. Berlin：Springer，2015：1-26.

[19] Zhao Y，Chen Z K，Liu Y，et al. Simultaneously enhanced cryogenic tensile strength and fracture toughness of epoxy resins by carboxylic nitrile-butadiene nano-rubber. Composites Part A：Applied Science and Manufacturing，2013，55：178-187.

[20] Jones A R，Watkins C A，White S R，et al. Self-healing thermoplastic-toughened epoxy. Polymer，2015，74：254-261.

[21] Tercjak A. Chapter 5——Phase separation and morphology development in thermoplastic-modified thermosets// Thermosets（second edition）. Amsterdam：Elsevier，2018：147-171.

[22] Lee S E，Jeong E Y，Lee M Y，et al. Improvement of the mechanical and thermal properties of polyethersulfone-modified epoxy composites. Journal of Industrial and Engineering Chemistry，2016，33：73-79.

[23] Hsieh T H，Kinloch A J，Masania K，et al. The mechanisms and mechanics of the toughening of epoxy polymers modified with silica nanoparticles. Polymer，2010，51（26）：6284-6294.

[24] Sprenger S. Nanosilica-toughened epoxy resins. Polymers，2020，12（8）：1777.

[25] Marouf B T，Mai Y W，Bagheri R，et al. Toughening of epoxy nanocomposites：nano and hybrid effects. Polymer Reviews，2016，56（1）：70-112.

[26] Jayan J S，Saritha A，Joseph K. Innovative materials of this era for toughening the epoxy matrix：a review. Polymer Composites，2018，39：1959-1986.

[27] Carolan D，Ivankovic A，Kinloch A J，et al. Toughening of epoxy-based hybrid nanocomposites. Polymer，2016，97：179-190.

[28] Park Y T，Qian Y Q，Chan C，et al. Epoxy toughening with low graphene loading. Advanced Functional Materials，2015，25（4）：575-585.

[29] Zaman I，Manshoor B，Khalid A，et al. Interface modification of clay and graphene platelets reinforced epoxy nanocomposites：a comparative study. Journal of Materials Science，2014，49（17）：5856-5865.

[30] Rafiee M A，Rafiee J，Wang Z，et al. Enhanced mechanical properties of nanocomposites at low graphene content. ACS Nano，2009，3（12）：3884-3890.

[31] Eksik O，Gao J，Shojaee S A，et al. Epoxy nanocomposites with two-dimensional transition metal dichalcogenide additives. ACS Nano，2014，8（5）：5282-5289.

[32] Liu Z，Li J H，Liu X H. Novel functionalized BN nanosheets/epoxy composites with advanced thermal conductivity and mechanical properties. ACS Applied Materials & Interfaces，2020，12（5）：6503-6515.

[33] Hou W X, Gao Y, Wang J, et al. Recent advances and future perspectives for graphene oxide reinforced epoxy resins. Materials Today Communications, 2020, 23: 100883.

[34] Johnson L M, Ledet E, Huffman N D, et al. Controlled degradation of disulfide-based epoxy thermosets for extreme environments. Polymer, 2015, 64: 84-92.

[35] Ruiz de Luzuriaga A, Martin R, Markaide N, et al. Epoxy resin with exchangeable disulfide crosslinks to obtain reprocessable, repairable and recyclable fiber-reinforced thermoset composites. Materials Horizons, 2016, 3 (3): 241-247.

[36] Zhou F T, Guo Z J, Wang W Y, et al. Preparation of self-healing, recyclable epoxy resins and low-electrical resistance composites based on double-disulfide bond exchange. Composites Science and Technology, 2018, 167: 79-85.

[37] Xin Y, Yuan J Y. Schiff's base as a stimuli-responsive linker in polymer chemistry. Polymer Chemistry, 2012, 3 (11): 3045-3055.

[38] Zhao S, Abu-Omar M M. Recyclable and malleable epoxy thermoset bearing aromatic imine bonds. Macromolecules, 2018, 51 (23): 9816-9824.

[39] Turkenburg D H, Fischer H R. Diels-alder based, thermo-reversible cross-linked epoxies for use in self-healing composites. Polymer, 2015, 79: 187-194.

[40] Tian Q, Rong M Z, Zhang M Q, et al. Synthesis and characterization of epoxy with improved thermal remendability based on Diels-Alder reaction. Polymer International, 2010, 59 (10): 1339-1345.

[41] Kuang X, Liu G M, Dong X, et al. Facile fabrication of fast recyclable and multiple self-healing epoxy materials through Diels-Alder adduct cross-linker. Journal of Polymer Science Part A: Polymer Chemistry, 2015, 53 (18): 2094-2103.

[42] García J M, Jones G O, Virwani K, et al. Recyclable, strong thermosets and organogels via paraformaldehyde condensation with diamines. Science, 2014, 344 (6185): 732-735.

[43] Lu X Y, Bao C Y, Xie P, et al. Solution-processable and thermostable super-strong poly (aryl ether ketone) supramolecular thermosets cross-linked with dynamic boroxines. Advanced Functional Materials, 2021, 31 (34): 2103061.

第 2 章　动态键概述

动态非共价相互作用在自然界中普遍存在，在化学、材料科学、生命科学等领域发挥着举足轻重的作用。非共价相互作用包括金属配位作用、氢键、阳离子-π 相互作用等[1]。相比于共价键，这些作用相对较弱。但是有多重多种非共价相互作用同时存在且协同时，显现出来的作用力依然是非常强的。通过非共价相互作用组装构建块，可形成动态的且具有高机械强度的聚合物材料。非共价交联可以提高聚合物材料的机械强度，而不牺牲聚合物材料的延展性和韧性[2-10]。

2.1　金属配位作用

2.1.1　金属配位作用概述

金属配位作用是一种常见的非共价相互作用，即特定金属离子（如 Zn^{2+}、Cu^{2+}、Ca^{2+}、Al^{3+}、Ba^{2+}、Fe^{2+} 和 Fe^{3+}）与能够提供孤对电子的配体形成配位作用[11]。金属配位作用具有方向性强、强度大的特点，已广泛应用于金属有机骨架（MOFs）、超分子配位材料等的构建。金属离子和配体间的结合强度范围广，既可以形成动态配位键，又可以形成高度稳定的配位键。通过选择合适的金属离子和配体，可以得到强度合适的配位键，且这样的配位键具有动态可逆性，可以形成动态的物理交联点，合理利用这种动态交联点可构筑高性能聚合物材料。常见的配体有双膦酸盐、邻苯二酚、组氨酸、硫代酸盐、羧酸盐、吡啶、亚氨基二乙酸等。

2.1.2　基于金属配位作用构筑的聚合物

近年来，由于金属配位作用形成的超分子结构具有可控且特殊的空间结构、物理可逆性以及优异的物理化学性能，通过超分子网络体系的建立实现新型高强韧可循环利用聚合物材料的构筑成为研究热点。借助金属配位作用构建的交联网络体系，其可逆的交联点有助于能量耗散，表现出优异的增强增韧效果。美国加利福尼亚大学的 Valentine 教授等[12]受贻贝足丝启发，通过铁离子与邻苯二酚的可逆金属配位作用成功构筑了新型交联环氧树脂网络,如图 2-1 所示。与配位前相比,配位后交联环氧树脂网络的拉伸强度和韧性均获得数量级提升,综合性能得到大幅度提高。其增强机理主要体现在以下两个方面:①动态金属配位作用为体系提供了更多的交联点,动态键在外力作用下可以实时地断裂与结合,从而赋予高分子材料优异的增强增韧特性;②金属离子聚集成均匀分散的金属离子纳米域,并与动态交联点产生协同交联作用,从而显著提高环氧树脂的机械性能。

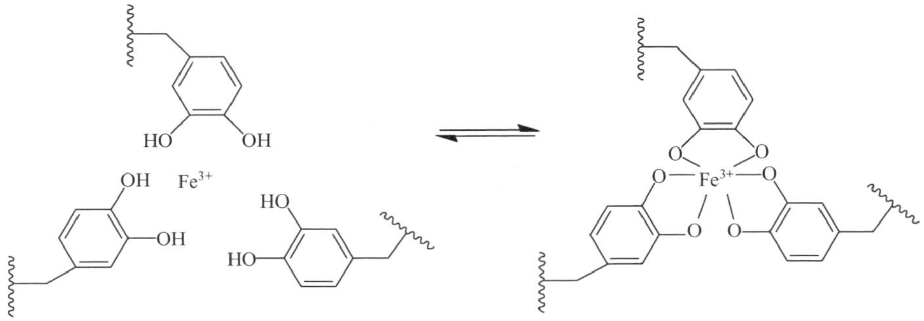

图 2-1   配位前后聚合物网络结构的示意图

2.2   氢   键

2.2.1   氢键概述

氢键的概念最早由 Bernal 与 Huggins 在 1935～1936 年正式提出,指当氢与电负性大的原子(如 N、O 或 F 原子)形成共价键时,电子对因偏向电负性大的原子而带部分负电荷,此时氢处于近似氢离子(H^+)的状态,从而吸引邻近电负性大的原子上的孤对电子。可以组成氢键的原子包括与 H 原子有电负性差异的 C、N、O、F、P、S、Cl、Se、I 原子等,氢键的基本构成是 X—H⋯Y,其中 X—H 称为质子供体,而含有孤对电子的 Y 原子称为质子受体。许多常见的有机官能团也都能参与氢键的形成,或作为给体,或作为受体,或两者兼有。例如,水和醇既可以是氢键的供体,也可以是氢键的受体;羰基由于缺少与氧或氮结合的氢,因此只能作为氢键受体。一般来说,氢键比偶极-偶极相互作用强,但比共价键作用弱,能量一般在 5～30kJ/mol。氢键被认为是一种典型的非共价键,氢键是分子间最重要的相互作用形式之一。虽然氢键的强度远弱于共价键,但是对物质性质的影响至关重要。例如,细胞中 DNA 的复制便是基于 DNA 碱基之间互补链的特殊氢键排列(腺嘌呤与胸腺嘧啶配对,鸟嘌呤与胞嘧啶配对）。通过选择合适的单体，可以得到强度合适的氢键，且该氢键具有动态可逆性，可以形成动态的物理交联点，合理利用这种动态交联点可构筑高性能聚合物材料[7]。

2.2.2 基于氢键构筑的聚合物

氢键具有非常独特的动态特性，可用于构筑新型聚合物材料，提高氢键在聚合物材料中的密度可以提高聚合物材料的稳定性。比如，2-脲基-4[1H]嘧啶酮（Upy）单体可以在四重氢键自互补阵列中二聚，已被广泛用于构建氢键交联聚合物材料，如图 2-2 所示。此外，单体之间氢键的强度和可逆性可以通过设计相应基团来精确控制。Yanagisawa 等[13]利用高密度氢键作用，制备了同时兼顾自愈能力和力学性能的低分子量醚-硫脲聚合物。一方面，材料中引入了硫脲，可以无规则地形成"之"字形氢键阵列，从而不会诱导形成不需要的结晶；另一方面，材料包含的结构元素可促进氢键对的交换，使断裂部分受压缩后能重新稳定聚合。

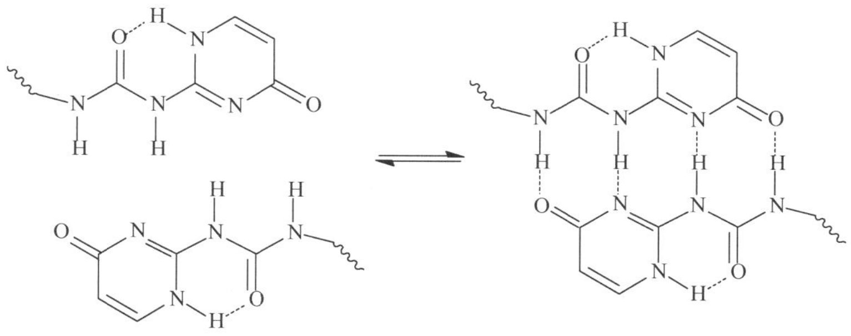

图 2-2　四重氢键的示意图

2.3　阳离子-π 相互作用

2.3.1　阳离子-π 相互作用概述

阳离子-π 相互作用是一种存在于阳离子与芳香体系之间的相互作用（图 2-3），被认为是一种新型的非共价键相互作用[14-16]。芳香体系主要包括苯环、吲哚等含有大 π 共轭平面的芳香族分子。阳离子-π 相互作用的本质是静电相互作用，即阳离子单极矩和芳香族化合物四极矩之间的静电吸引。阳离子-π 相互作用主要包括

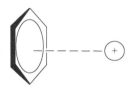

图 2-3　阳离子-π 相互作用的示意图

三类：第一类，简单无机金属阳离子（如 Na$^+$、K$^+$、Mg^{2+}等）与芳香体系之间的作用；第二类，有机阳离子与芳香体系之间的作用；第三类，分子中带部分正电荷的原子（如 N—H 键中的氢原子）与芳香体系之间的作用。可根据不同阳离子和芳香体系等条件调节阳离子-π 相互作用大小。大量直接和间接的证据表明，阳离子-π 相互作用常存在于各种蛋白质中，其在生物学、有机合成和主客体结构设计等领域发挥了关键作用，因此受到了广泛关注[17, 18]。然而在高分子材料领域，关于阳离子-π 相互作用的理论和应用研究鲜有报道。基于阳离子-π 较强的相互作用和较大的作用面积，可用于构建不同于传统氢键和配位作用的高分子链之间特殊的动态交联网络，为高强韧高分子材料的构筑提供了新思路。

2.3.2　基于阳离子-π 相互作用构筑的聚合物

众所周知，聚合物材料属于"软物质"，具有较长的分子链，因此在聚合物体系中建立动态阳离子-π 相互作用将在很大程度上影响聚合物材料的综合性能。另外，在高分子体系中建立动态阳离子-π 交联模式相对简单易行（图 2-4），这为构筑新型高强韧聚合物材料提供了全新的思路和途径。受贻贝基于阳离子-π 相互作用的强水下黏附特性的启发，Wang 等[19]在聚对苯二甲酸乙二醇酯（PET）织物上设计了一种基于阳离子-π 相互作用的新型超亲水聚合物(CPHA)。CPHA 具有强内聚力和黏附特性，能有效地将疏水 PET 织物转变为超亲水织物。CPHA 以对苯二甲酸二甲酯（DMT）、乙二醇（EG）和二(2-羟乙基)二甲基氯化铵（BDAC）为单体，聚乙二醇（PEG）为共聚段，通过酯交换和缩聚两步反应得到。CPHA 含有丰富的芳香基团和阳离子，可以与 PET 和自身形成强大的阳离子-π 相互作用，从而产生较强的黏附力和内聚力。

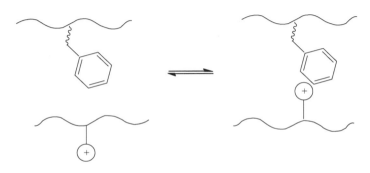

图 2-4　基于阳离子-π 相互作用构筑聚合物材料的示意图

参 考 文 献

[1] Wang S Y，Urban M W. Self-healing polymers. Nature Reviews Materials，2020，5（8）：562-583.

[2] Zhang Z Y，Liu J，Li S，et al. Constructing sacrificial multiple networks to toughen elastomer. Macromolecules，2019，52（11）：4154-4168.

[3] Nakajima T. Generalization of the sacrificial bond principle for gel and elastomer toughening. Polymer Journal，2017，49（6）：477-485.

[4] Zhuo Y Z，Xia Z J，Qi Y，et al. Simultaneously toughening and stiffening elastomers with octuple hydrogen bonding. Advanced Materials，2021，33（23）：2008523.

[5] Lai J C，Li L，Wang D P，et al. A rigid and healable polymer cross-linked by weak but abundant Zn(II)- carboxylate interactions. Nature Communications，2018，9（1）：2725.

[6] Zhang H，Wu Y Z，Yang J X，et al. Superstretchable dynamic polymer networks. Advanced Materials，2019，31（44）：1904029.

[7] Song P A，Wang H. High-performance polymeric materials through hydrogen-bond cross-linking. Advanced Materials，2020，32（18）：1901244.

[8] Luo M C，Zeng J，Fu X，et al. Toughening diene elastomers by strong hydrogen bond interactions. Polymer，2016，106：21-28.

[9] He Y J，Gao S，Jubsilp C，et al. Reprocessable polybenzoxazine thermosets crosslinked by mussel-inspired catechol-Fe^{3+}coordination bonds. Polymer，2020，192：122307.

[10] Wang X，Wang L L，Fan X X，et al. Multifunctional polysiloxane with coordinative ligand for ion recognition，reprocessable elastomer，and reconfigurable shape memory. Polymer，2021，229：124021.

[11] Lee S C，Gillispie G，Prim P，et al. Physical and chemical factors influencing the printability of hydrogel-based extrusion bioinks. Chemical Reviews，2020，120（19）：10834-10886.

[12] Filippidi E，Cristiani T R，Eisenbach C D，et al. Toughening elastomers using mussel-inspired iron-catechol complexes. Science，2017，358（6362）：502-505.

[13] Yanagisawa Y，Nan Y L，Okuro K，et al. Mechanically robust，readily repairable polymers via tailored noncovalent cross-linking. Science，2017，359（6371）：72-76.

[14] Shin M，Park Y，Jin S L，et al. Two faces of amine-catechol pair synergy in underwater cation-π interactions. Chemistry of Materials，2021，33（9）：3196-3206.

[15] Cheng J G，Luo X M，Yan X H，et al. Research progress in cation-π interactions. Science in China Series B：Chemistry，2008，51（8）：709-717.

[16] Dougherty D A. The cation-π interaction. Accounts of Chemical Research，2013，46（4）：885-893.

[17] Gebbie M A，Wei W，Schrader A M，et al. Tuning underwater adhesion with cation-π interactions. Nature Chemistry，2017，9（5）：473-479.

[18] Yorita H，Otomo K，Hiramatsu H，et al. Evidence for the cation-π interaction between $Cu^{2+}$and tryptophan. Journal of the American Chemical Society，2008，130（46）：15266-15267.

[19] Wang Y F，Xia G，Yu H，et al. Mussel-inspired design of a self-adhesive agent for durable moisture management and bacterial inhibition on PET fabric. Advanced Materials，2021，33（35）：2100140.

第3章　金属配位作用驱动可循环利用高性能聚合物制备技术

由于金属配位作用的强度可以通过改变金属离子和配体结构进行调节，且金属离子和配位基团之间形成的动态键具有可逆性，可以通过外场"刺激"进行解除，因此基于金属配位作用交联的聚合物材料受到广泛的关注。通过金属配位作用策略，可以成功地调节材料的机械性能、热稳定性能和可回收性能。受此启发，本章利用金属配位作用构建可循环利用高性能聚合物，即首先采用传统的制备方法获得含吡啶、苯并咪唑等配位基团的线性聚合物，再通过聚合物链段上的配位基团与多种金属离子形成稳定的配合物，由此构筑金属配位交联的高性能聚合物，最后将交联的高性能聚合物浸泡在解离能力较强的溶液中，缓慢解除金属配位作用，实现聚合物交联结构的解除与循环再生[1-6]。

3.1　金属配位作用驱动含苯并咪唑基团和吡啶基团的聚砜构筑技术

3.1.1　含苯并咪唑基团和吡啶基团的聚砜的构筑

金属配位交联前的线性聚合物设计是构筑可循环利用高性能聚合物过程中最重要的步骤之一。本书采用在线性聚合物的主链上引入配位基团，以 C—N/C—O 偶联的方式，通过亲核取代共缩聚的方法构筑一系列含配位基团的线性高性能聚合物；利用苯并咪唑中—NH—与—OH 反应活性相似的特点，将原料通过无催化剂的亲核取代反应缩聚合成含苯并咪唑基团和吡啶基团的聚砜。为了调节含苯并咪唑基团和吡啶基团的聚砜的柔韧性，将 4,4′-二羟基二苯胺或双酚 A 引入聚合物主链中，通过调节配体的相对含量，制备系列不同韧性的线性聚合物；此外，通过改变吡啶基单体的相对比例，制备主链上配体含量不同的聚合物，随后加入不同含量的金属离子进行配位交联，并对聚合物的交联密度进行调控。

1. 二羟基化合物单体的合成技术

首先在氮气保护下将 4-溴苯甲醚、对氨基苯甲醚、三(二亚苄基丙酮)二钯

[Pd₂(dba)₃]、1, 1′-联萘-2, 2′-双二苯膦（BINAP）和叔丁醇钠（t-BuONa）加入三口烧瓶，再在氮气保护下加入二甲基乙酰胺（DMAc），然后将混合体系在 100℃下搅拌反应 3h，接着将温度升到 165℃继续搅拌反应 5h，待体系缓慢冷却至室温后，将反应液倒入冷水中析出、过滤，滤饼用去离子水洗涤数次，得到的粗产物过滤后用无水甲醇重结晶，最后得到 4, 4′-二甲氧基二苯胺纯品，产率约 97%。取合成的 4, 4′-二甲氧基二苯胺溶解在二氯甲烷中，在−80℃和氮气保护下，缓慢滴加含有二氯甲烷的三溴化硼溶液，并在室温下搅拌 24h，再加入去离子水，此时不断有白色沉淀析出，过滤后将滤饼用水洗涤数次，并在真空干燥箱中干燥，粗产物经硅胶层析纯化[V(二氯甲烷)/V(甲醇) = 20∶1]，最后得到纯 4, 4′-二羟基二苯胺，产率约 82%，反应路线如图 3-1 所示。

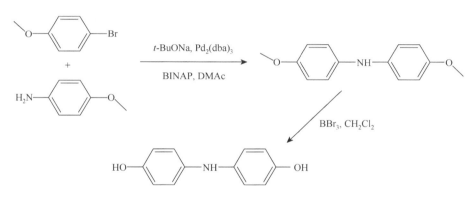

图 3-1　单体的合成技术路线图

2. 单体的表征

利用核磁共振氢谱（¹H NMR）、核磁共振碳谱（¹³C NMR）和傅里叶变换红外光谱（FTIR）对 4, 4′-二羟基二苯胺单体的结构进行表征。图 3-2 为 4, 4′-二羟基二苯胺单体的 ¹H NMR 图。通过 ¹H NMR 图可以看出，所合成的化合物各化学环境下的 H 与其化学位移对应良好，且 H 原子的数目与其峰面积相吻合。图 3-3 为 4, 4′-二羟基二苯胺单体的 ¹³C NMR 图。通过 ¹³C NMR 图可以看出，化学位移分别为 150.9ppm、137.4ppm、118.7ppm 和 116.0ppm。图 3-4 为 4, 4′-二羟基二苯胺单体的 FTIR 图。通过 FTIR 图可以看出，3000～3500cm⁻¹ 处的峰为—OH 和—NH—的特征吸收峰，1669cm⁻¹ 和 1523cm⁻¹ 左右处的峰为苯环上 C—C 振动的特征吸收峰，1251cm⁻¹ 左右处的峰为 C—N 振动特征吸收峰，837cm⁻¹ 左右处的峰为苯环上 C—H 振动特征吸收峰。综上所述，通过设计方案已成功制备 4, 4′-二羟基二苯胺单体。

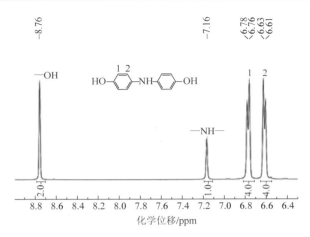

图 3-2　4, 4′-二羟基二苯胺的 ¹H NMR 图

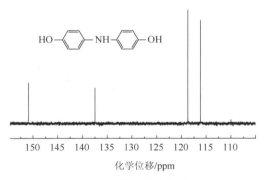

图 3-3　4, 4′-二羟基二苯胺的 ¹³C NMR 图

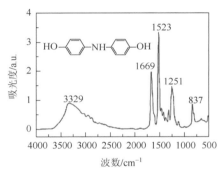

图 3-4　4, 4′-二羟基二苯胺的 FTIR 图

3. 含苯并咪唑基团和吡啶基团的聚砜的合成技术

在惰性气体保护下，将二羟基化合物、2, 6-二(2-苯并咪唑基)吡啶和 4, 4′-二氟二苯砜在有机溶剂中混合，然后加热并持续搅拌以进行反应，得到含苯并咪唑基团和吡啶基团的聚砜。通过调整二羟基化合物、2, 6-二(2-苯并咪唑基)吡啶的比例制备三种不同配体含量的线性聚合物 PESpy，即 PESpy-5%{n[2, 6-二(2-苯并咪唑基)吡啶]：n(双酚 A) = 1：19}、PESpy-10%{n[2, 6-二(2-苯并咪唑基)吡啶]：n(双酚 A) = 1：9}、PESpy-20%{n[2, 6-二(2-苯并咪唑基)吡啶]：n(双酚 A) = 1：4}，以及三种不同配体含量的线性聚合物 PIEMpy，即 PIEMpy-5%{n[2, 6-二(2-苯并咪唑基)吡啶]：n(4, 4′-二羟基二苯胺) = 1：19}、PIEMpy-10%{n[2, 6-二(2-苯并咪唑基)吡啶]：n(4, 4′-二羟基二苯胺) = 1：9}、PIEMpy-20%{n[2, 6-二(2-苯并咪唑基)吡啶]：n(4, 4′-二羟基二苯胺) = 1：4}。含苯并咪唑基团和吡啶基团的聚砜（PESpy 和 PIEMpy）的合成技术路线如图 3-5 所示。

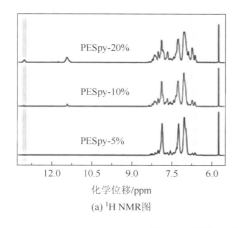

(a) PESpy的合成技术路线图

(b) PIEMpy的合成技术路线图

图 3-5　PESpy 和 PIEMpy 的合成技术路线图

4. 含苯并咪唑基团和吡啶基团的聚砜的表征

利用 ^{1}H NMR 和 FTIR 对 PESpy 的结构进行表征。图 3-6 为 PESpy 的 ^{1}H NMR 和 FTIR 图。从图 3-6(a)中可以看出，化学位移为 7.87ppm 左右的峰属于苯环上邻近砜基的氢，化学位移为 7.0～7.3ppm 的峰属于 2, 6-二(2-苯并咪唑基)吡啶配体和苯环上其他位置的氢，证明 2, 6-二(2-苯并咪唑基)吡啶被成功引入聚合物链中。化学位移为 5.76ppm 的峰属于双酚 A 甲基上的氢，证明双酚 A 被成功引入聚合物链中。对比不同配体含量的聚合物 PESpy-5%、PESpy-10%和 PESpy-20%的核磁谱图可以看出，随着配体含量的增加，聚合物中甲基上氢的峰强度逐渐下降，证明了所合成的聚合物结构的正确性。从图 3-6(b)中可以看出，2973cm^{-1} 左右处

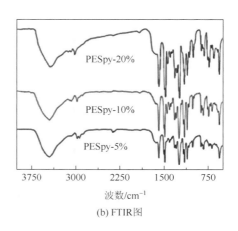

(a) ^{1}H NMR图

(b) FTIR图

图 3-6　PESpy 的 ^{1}H NMR 和 FTIR 图

的振动吸收峰属于—CH$_3$ 的对称和非对称伸缩振动特征吸收峰，3100cm^{-1} 和 830cm^{-1} 左右处的振动吸收峰属于芳香环上的 C—H 变形振动特征吸收峰，1585cm^{-1} 处的振动吸收峰属于芳香环上的 C=C 和杂环上的 C=N 伸缩振动特征吸收峰，1487cm^{-1} 左右处的吸收峰属于 C—O 和 C—N 的伸缩振动特征吸收峰，1244～1099cm^{-1} 处的振动吸收峰属于 O=S=O 和 C—C 的振动吸收峰。FTIR 测试结果进一步证明目标聚合物的结构与预想的一致。

利用 ^{1}H NMR 和 FTIR 对 PIEMpy 的结构进行表征。图 3-7 为 PIEMpy 的 ^{1}H NMR 和 FTIR 图。从图 3-7(a)中可以看出，化学位移为 8.3ppm 左右的峰属于 4, 4′-二羟基二苯胺中 N—H 上的氢，化学位移为 7.87ppm 左右的峰属于苯环上邻近砜基的氢，化学位移为 7.0～7.1ppm 的峰属于 2, 6-二(2-苯并咪唑基)吡啶配体和苯环上其他位置的氢，证明 2, 6-二(2-苯并咪唑基)吡啶被成功引入。化学位移为 8.15ppm、7.60ppm、7.24ppm、7.10ppm 的峰信号逐渐增强，这是由于配体 2, 6-二(2-苯并咪唑基)吡啶的含量逐渐增加，芳香环和杂环上氢的种类和数目逐渐增加，进一步说明三种不同配体含量的线性聚合物的结构正确。从图 3-7(b)中可以看出，3442cm^{-1} 左右的振动吸收峰属于 N—H 的特征吸收峰，3000cm^{-1} 和 800cm^{-1} 左右处的振动吸收峰属于芳香环上的 C—H 振动特征吸收峰，1770cm^{-1}、1667cm^{-1}、1584cm^{-1} 左右处的振动吸收峰属于芳香环上的 C=C 和杂环上的 C=N 振动特征吸收峰，1483cm^{-1} 左右处的吸收峰属于 C—O 和 C—N 的特征吸收峰，1228～1101cm^{-1} 处的吸收峰属于 O=S=O 的特征吸收峰，说明线性聚合物结构正确。同时，1770cm^{-1} 处的吸收峰信号逐渐增强，这是由于随着配体含量的增加，杂环上的 C=N 振动特征吸收峰信号逐渐增强。综上所述，两种线性聚合物被成功制备。

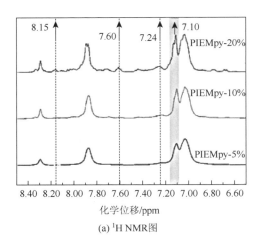

(a) ^{1}H NMR图

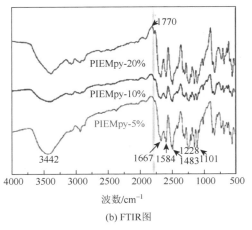

(b) FTIR图

图 3-7　PIEMpy 的 ^{1}H NMR 和 FTIR 图

3.1.2 金属配位交联含苯并咪唑基团和吡啶基团的聚砜的构筑

1. 金属配位交联 PESpy 体系

1) 金属配位交联 PESpy 体系的合成

PESpy 聚合物链上的功能基元 2,6-二(2-苯并咪唑基)吡啶与 Zn^{2+} 可形成金属配位交联点，将其作为物理交联点使线性聚合物进一步交联，从而制备高热稳定性和高机械强度的交联聚合物材料 PESpy-Zn^{2+}。为了验证材料的机械性能，采用浇注法将高性能聚合物铺展成膜，具体技术路线如下：将含苯并咪唑基团和吡啶基团的聚砜溶于有机溶剂中，并向溶液中加入金属离子 Zn^{2+}，混合均匀后浇注在载玻片上，得到聚合物膜。

2) 金属配位作用的证明

对配位前后的聚合物膜进行 FTIR 和紫外可见吸收光谱（UV-vis）分析。图 3-8 为配位前后聚合物膜的 FTIR 和 UV-vis 图。与配位前的聚合物膜相比，配位后聚合物膜的红外峰发生了明显变化，而且有轻微的蓝移现象；配位后聚合物膜的紫外吸收峰也发生了明显的变化。上述结果证明聚合物链上的配体与 Zn^{2+} 之间形成了金属配位作用，进一步说明 PESpy-Zn^{2+} 被成功制备。

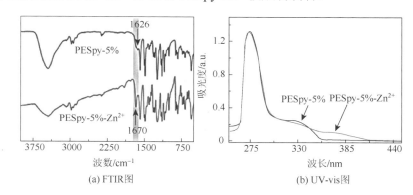

图 3-8 配位前后聚合物膜的 FTIR 和 UV-vis 图

3) 性能研究

利用热重法（TG）和差示扫描量热法（DSC）表征 PESpy 和 PESpy-Zn^{2+} 的热稳定性。图 3-9 为 PESpy-5%和 PESpy-5%-Zn^{2+} 的 TG 和 DSC 图。PESpy-5%的分解温度和玻璃化转变温度分别为 397℃和 182℃，而 PESpy-5%-Zn^{2+} 的分解温度和玻璃化转变温度分别高达 420℃和 225℃，可以看出配位后交联聚合物的分解温度和玻璃化转变温度都得到大幅度的提高。对比不同配体含量的线性聚合物可知，随着配体含量的增加，聚合物的分解温度和玻璃化转变温度均逐渐增高；与交联前的聚合物相比，交联后的聚合物的分解温度和玻璃化转变温度均逐渐增高

（图 3-10 和图 3-11）。上述结果表明金属配位作用确实能起到类似于化学交联的效果，将聚合物链通过各个物理交联点连接在一起，使得聚合物只有在更高的温度下才能实现链段的运动，提高聚合物的热性能。

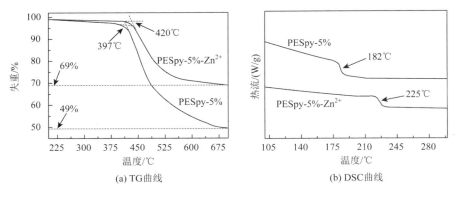

图 3-9　　PESpy-5%和 PESpy-5%-Zn^{2+}的 TG 和 DSC 曲线

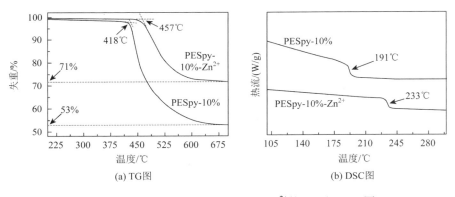

图 3-10　　PESpy-10%和 PESpy-10%-Zn^{2+}的 TG 和 DSC 图

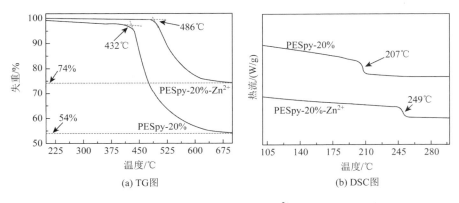

图 3-11　　PESpy-20%和 PESpy-20%-Zn^{2+}的 TG 和 DSC 图

对 PESpy 和 PESpy-Zn^{2+}的机械强度进行测试。图 3-12 为 PESpy-5%和 PESpy-5%-Zn^{2+}的应力-应变曲线。PESpy-5%的拉伸强度和断裂伸长率分别为 68MPa 和 5.63%，而 PESpy-5%-Zn^{2+}的拉伸强度和断裂伸长率分别高达 81MPa 和 6.49%。断裂伸长率由配位前的 5.63%增加到 6.49%。相比未交联的线性聚合物，金属配位作用交联的聚合物材料 PESpy-Zn^{2+}的拉伸强度和断裂伸长率都得到提高。对比不同配体含量的聚合物发现，随着 2,6-二(2-苯并咪唑基)吡啶含量的增加，聚合物的断裂伸长率逐渐减小，但拉伸强度逐渐增强。PESpy-10%的拉伸强度为 72MPa，而 PESpy-10%-Zn^{2+}的拉伸强度高达 90MPa；PESpy-20%的拉伸强度为 83MPa，而 PESpy-20%-Zn^{2+}的拉伸强度高达 95MPa（图 3-13 和图 3-14）。这是因为随着配体含量的增加，分子链间的物理交联点也增加，材料的脆性和强度都提高。上述结果表明适当的金属配位交联不仅可以增加分子链间的相互作用力，从而得到具有更高拉伸强度的交联高性能聚合物材料，而且还可以提高材料的韧性，让材料表现出更高的断裂伸长率。

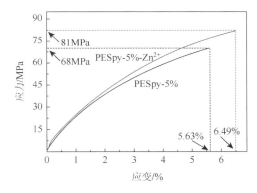

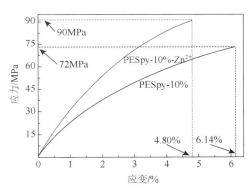

图 3-12　PESpy-5%和 PESpy-5%-Zn^{2+}的应力-应变曲线

图 3-13　PESpy-10%和 PESpy-10%-Zn^{2+}的应力-应变曲线

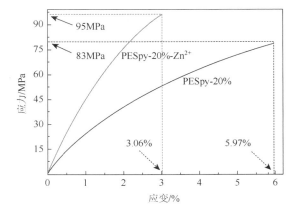

图 3-14　PESpy-20%和 PESpy-20%-Zn^{2+}的应力-应变曲线

耐溶剂性是热固性材料的关键性能之一。从表 3-1 中可以看出，金属配位交联前的聚合物膜能溶于许多有机溶剂，而金属配位交联后的聚合物膜不溶于常见的有机溶剂[N,N-二甲基乙酰胺（DMAc）、二甲亚砜（DMSO）、N,N-二甲基甲酰胺（DMF）、N-甲基吡咯烷酮（NMP）、四氢呋喃（THF）、氯仿（CHCl$_3$）]，交联后聚合物材料的耐溶剂性能得到了显著提高。由于 Zn^{2+}与聚合物链上的配体形成了金属配位作用，自由状态的线性分子链交联成交联网络结构，溶剂分子无法溶解 PESpy-Zn^{2+}薄膜。

表 3-1　交联前后聚合物在不同溶剂中的溶解度

样品	DMAc	DMSO	DMF	NMP	THF	CHCl$_3$
PESpy-5%	＋＋	＋＋	＋＋	＋＋	－－	＋－
PESpy-10%	＋＋	＋＋	＋＋	＋＋	－－	＋－
PESpy-20%	＋＋	＋＋	＋＋	＋＋	－－	＋－
PESpy-5%-Zn^{2+}	－－	－－	－－	－－	－－	－－
PESpy-10%-Zn^{2+}	－－	－－	－－	－－	－－	－－
PESpy-20%-Zn^{2+}	－－	－－	－－	－－	－－	－－

＋＋：聚合物能被完全溶解；　＋－：聚合物仅能被溶胀；　－－：聚合物不能被溶解。

2. 金属配位交联 PIEMpy 体系

1）金属配位交联 PIEMpy 体系的合成

PIEMpy 聚合物链上的功能基元 2,6-二(2-苯并咪唑基)吡啶与 Cu^{2+}可以形成金属配位交联点，将其作为物理交联点使线性聚合物进一步交联，从而制备高热稳定性和高机械强度的交联聚合物材料 PIEMpy-Cu^{2+}。为了验证材料的机械性能，将含苯并咪唑基团和吡啶基团的聚砜溶于有机溶剂中，并向溶液中加入金属离子 Cu^{2+}，混合均匀后浇注在载玻片上，得到聚合物膜。

2）金属配位作用的证明

对配位前后的聚合物膜进行 FTIR 和 UV-vis 分析。图 3-15 为配位前后聚合物膜的 FTIR 和 UV-vis 图。与配位前的聚合物膜相比，配位后聚合物膜的红外峰发生了明显的变化，而且有轻微的红移现象；紫外吸收峰也发生了明显的变化，且聚合物膜的颜色加深。上述结果证明聚合物链上的配体与 Cu^{2+}形成了金属配位作用，进一步说明 PIEMpy-Cu^{2+}被成功制备。

3）性能研究

利用 TG 和 DSC 表征 PIEMpy 和 PIEMpy-Cu^{2+}的热稳定性。图 3-16 为 PIEMpy-5%和 PIEMpy-5%-Cu^{2+}的 TG 和 DSC 图。PIEMpy-5%的分解温度和玻

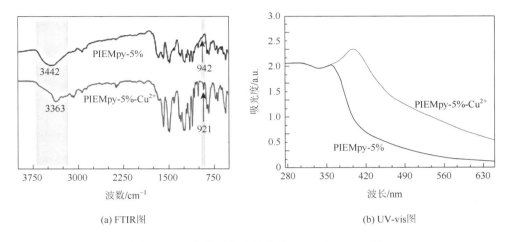

(a) FTIR图　　　　　　　　　　　　　　(b) UV-vis图

图 3-15　配位前后聚合物膜的 FTIR 和 UV-vis 图

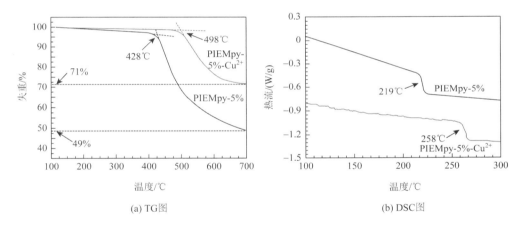

(a) TG图　　　　　　　　　　　　　　(b) DSC图

图 3-16　PIEMpy-5%和 PIEMpy-5%-Cu^{2+}的 TG 和 DSC 图

璃化转变温度分别为 428℃和 219℃,而 PIEMpy-5%-Cu^{2+}的分解温度和玻璃化转变温度分别高达 498℃和 258℃, 配位后交联聚合物的分解温度和玻璃化转变温度得到了大幅度提高。PIEMpy-10%的分解温度和玻璃化转变温度分别为 464℃和 227℃, 而 PIEMpy-10%-Cu^{2+}的分解温度和玻璃化转变温度分别高达 519℃和 266℃（图 3-17）；PIEMpy-20%的分解温度和玻璃化转变温度分别为 474℃和 238℃,而 PIEMpy-20%- Cu^{2+}的分解温度和玻璃化转变温度分别高达 522℃和 273℃（图 3-18）。对比不同配体含量的线性聚合物可知, 随着配体含量的增加, 聚合物的分解温度和玻璃化转变温度逐渐增高。与交联前的聚合物相比, 交联后的聚合物的分解温度和玻璃化转变温度均逐渐增高。

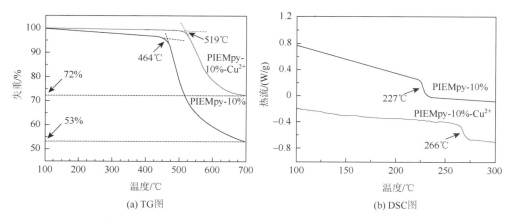

图 3-17　PIEMpy-10%和 PIEMpy-10%-Cu²⁺的 TG 和 DSC 图

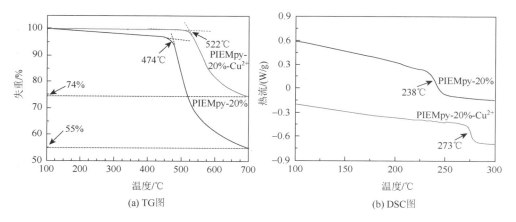

图 3-18　PIEMpy-20%和 PIEMpy-20%-Cu²⁺的 TG 和 DSC 图

对 PIEMpy 和 PIEMpy-Cu²⁺的机械强度进行测试。图 3-19 为 PIEMpy-5%和 PIEMpy-5%-Cu²⁺的应力-应变曲线。PIEMpy-5%的拉伸强度为 83MPa，而 PIEMpy-5%-Cu²⁺的拉伸强度高达 107MPa。PIEMpy-5%的断裂伸长率是 6.46%，PIEMpy-5%-Cu²⁺的断裂伸长率是 7.41%。相比未交联的线性聚合物，基于金属配位作用构筑的交联聚合物材料的拉伸强度和断裂伸长率都得到提高，表明金属配位作用可以在线性结构的聚合物分子链间形成物理交联点，从而得到具有优异机械性能的交联聚合物材料。从图 3-20 中可以看出，PIEMpy-10%的拉伸强度为 84MPa，而 PIEMpy-10%-Cu²⁺的拉伸强度为 103MPa。从图 3-21 中可以看出，PIEMpy-20%的拉伸强度为 87MPa，而 PIEMpy-20%-Cu²⁺的拉伸强度高达 100MPa。对比不同配体含量的聚合物发现，随着 2,6-二(2-苯并咪唑基)吡啶含量的增加，聚合物的断裂伸长率逐渐减小。

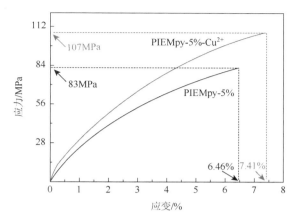

图 3-19　PIEMpy-5%和 PIEMpy-5%-Cu²⁺的应力-应变曲线

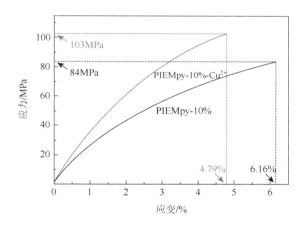

图 3-20　PIEMpy-10%和 PIEMpy-10%-Cu²⁺的应力-应变曲线

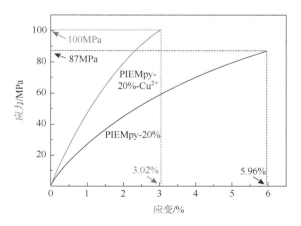

图 3-21　PIEMpy-20%和 PIEMpy-20%-Cu²⁺的应力-应变曲线

耐溶剂性是热固性材料的关键性能之一。从表 3-2 中可以看出，金属配位交联前的聚合物膜能溶于许多有机溶剂，金属配位交联后的聚合物膜不溶于常见的有机溶剂（DMAc、DMSO、DMF、NMP、THF、CHCl$_3$），聚合物材料的耐溶剂性能得到了提高。这是由于 Cu^{2+} 与聚合物链上的配体形成了金属配位作用，自由状态的线性分子链交联成网络结构，溶剂分子无法溶解 PIEMpy-Cu^{2+} 薄膜。

表 3-2　交联前后聚合物在不同溶剂中的溶解度

样品	DMAc	DMSO	DMF	NMP	THF	CHCl$_3$
PIEMpy-5%	＋＋	＋＋	＋＋	＋＋	－－	＋－
PIEMpy-10%	＋＋	＋＋	＋＋	＋＋	－－	＋－
PIEMpy-20%	＋＋	＋＋	＋＋	＋＋	－－	＋－
PIEMpy-5%-Cu^{2+}	－－	－－	－－	－－	－－	－－
PIEMpy-10%-Cu^{2+}	－－	－－	－－	－－	－－	－－
PIEMpy-20%-Cu^{2+}	－－	－－	－－	－－	－－	－－

＋＋：聚合物能被完全溶解；　＋－：聚合物仅能被溶胀；　－－：聚合物不能被溶解。

3.1.3　金属配位交联含苯并咪唑基团和吡啶基团的聚砜的循环利用技术

1. PESpy-Zn^{2+}体系

动态的金属配位作用具有可逆的特性，在外界条件的刺激下，这种金属配位作用可以解除，进而使得已经交联的聚合物回到自由链状态。基于焦磷酸（PPi）与金属离子具有很强的配位能力，可将已经形成交联结构的聚合物浸泡在含有 PPi 的溶液中，利用 PPi 的强配位能力"夺取"分子链间的金属离子，代替聚合物链上的配体，与金属离子形成新的络合物，从而将高分子链间的金属配位作用解除，使交联结构恢复为自由链结构，进而使线性聚合物能够溶解在有机溶剂中，实现聚合物的回收及循环再利用。金属配位作用的可逆重构和解除使 PESpy-Zn^{2+}实现回收再利用的过程如下：①将 PESpy 聚合物[图 3-22（a）]浇注成膜[图 3-22（b）]，再放在 NMP 中浸泡，聚合物 PESpy 完全溶解[图 3-22（c）]；②将 Zn^{2+}加入聚合物 PESpy 中，再将混合体系浇注成膜，得到交联聚合物薄膜 PESpy-Zn^{2+}[图 3-22（d）]，PESpy-Zn^{2+}只能溶胀而无法溶解[图 3-22（e）]；③将 PPi 加入上述溶胀体系中，金属配位交联点解除，PESpy-Zn^{2+}恢复为线性结构的 PESpy，从而使聚合物溶解在 NMP 中[图 3-22（f）]。

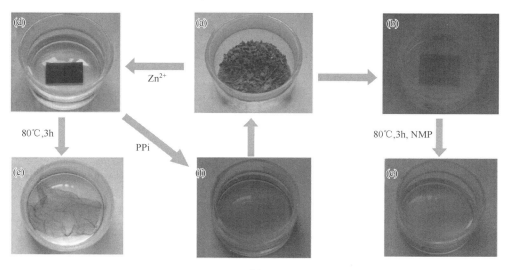

图 3-22　PESpy-Zn^{2+}的回收再利用过程

（a）PESpy 聚合物粉末；（b）PESpy 聚合物薄膜；（c）PESpy 聚合物薄膜的 NMP 溶液；（d）PESpy-Zn^{2+}聚合物薄膜；（e）溶胀的 PESpy-Zn^{2+}聚合物薄膜的 NMP 溶液；（f）解交联后薄膜的 NMP 溶液

　　为了证明 PESpy-Zn^{2+}的再次溶解是因为加入的 PPi 与 Zn^{2+}形成新的配位体系而将聚合物链中起交联作用的 Zn^{2+}"夺走"［图 3-23（a）］，开展紫外和荧光循环滴定实验。图 3-23（b）和图 3-23（d）分别为 Zn^{2+}滴定实验的 UV-vis 图和荧光光谱图。从图中可以看出，随着 Zn^{2+}浓度的不断增加，PESpy 溶液在 272nm 处的吸收峰逐渐增强，且伴随着轻微的红移。此外，在 321nm 处出现的新吸收峰也随 Zn^{2+}浓度的增加而增强。随着 Zn^{2+}浓度不断增加，PESpy 溶液的荧光峰逐渐减弱。图 3-23（c）为 PPi 滴定实验的 UV-vis 图。随着 PPi 的加入，体系在 272nm 和 321nm 处的吸收峰都逐渐减弱，直至恢复为 PESpy 最初的吸收曲线，说明 PPi 的加入确实破坏了配位键，使配位后的聚合物恢复到初始状态。图 3-23（e）为 PPi 滴定实验的荧光光谱图。随着 PPi 的不断增加，体系的荧光峰逐渐增强。上述结果证明 PESpy-Zn^{2+}的溶解是因为 PPi 将其中的 Zn^{2+}夺出，导致聚合物发生解交联作用。

（a）

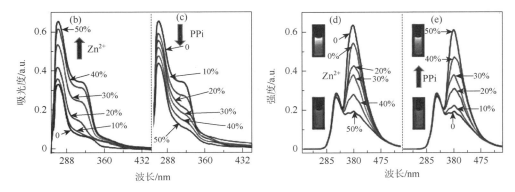

图 3-23 PESpy-Zn^{2+}在不同条件下的 UV-vis 图和荧光光谱图

（a）PESpy-Zn^{2+}在 PPi 存在时的解交联过程；（b）PESpy 溶液随 Zn^{2+}加入的 UV-vis 图；（c）PESpy-Zn^{2+}溶液随 PPi 加入的 UV-vis 图；（d）PESpy 溶液随 Zn^{2+}加入的荧光光谱图；（e）PESpy-Zn^{2+}溶液随 PPi 加入的荧光光谱图

为研究 PESpy-Zn^{2+}经过回收再利用后的机械性能，测试聚合物膜经过 4 次循环利用后的拉伸强度，如图 3-24 所示。尽管经过了 4 次配位—解配位—再配位循环，材料的拉伸强度仍基本保持不变。这是因为金属配位作用是一种超分子相互作用，它的形成和解除对高分子链本身的结构不会造成影响。

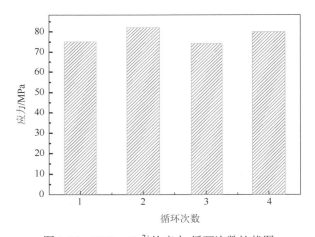

图 3-24　PESpy-Zn^{2+}的应力-循环次数柱状图

2.　PIEMpy-Cu^{2+}体系

金属配位作用的可逆重构和解除使 PIEMpy-Cu^{2+}交联聚合物实现回收再利用，其过程如图 3-25 所示：①PIEMpy 聚合物浇注成膜后在 NMP 中浸泡，聚合物 PIEMpy 完全溶解[图 3-25（a）～图 3-25（c）]；②加入 Cu^{2+}并搅拌均匀后，将混合体系浇注成膜，得到交联聚合物薄膜 PIEMpy-Cu^{2+}[图 3-25（d）]，PIEMpy-Cu^{2+}只能溶胀而无法溶解[图 3-25（e）]；③将 PPi 加入上述溶胀体系中，金属配位交联点解除，PIEMpy-Cu^{2+}恢复为线性结构的 PIEMpy，从而使聚合物溶解在 NMP 中[图 3-25（f）]。

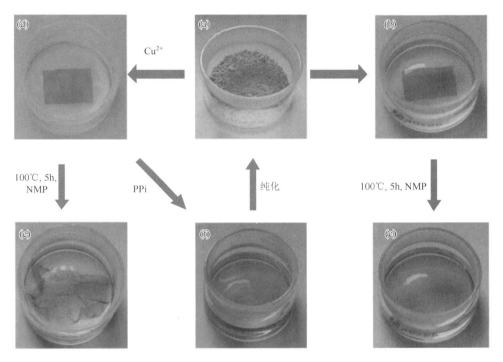

图 3-25　PIEMpy-Cu^{2+}的回收再利用过程

（a）PIEMpy 聚合物粉末；（b）PIEMpy 聚合物薄膜；（c）PIEMpy 聚合物薄膜的 NMP 溶液；（d）PIEMpy-Cu^{2+}
聚合物薄膜；（e）溶胀的 PIEMpy-Cu^{2+}聚合物薄膜的 NMP 溶液；（f）解交联后薄膜的 NMP 溶液

　　为了证明 PIEMpy-Cu^{2+}的再次溶解是因为 PPi 与 Cu^{2+}形成新的配位体系而将聚合物链中起交联作用的 Cu^{2+} "夺走"，开展紫外滴定实验。图 3-26 为 PPi 滴定实验的 UV-vis 图。随着加入的 PPi 摩尔分数的增加，体系在 293nm 和 441nm 处的吸收峰都逐渐减弱，直至恢复为 PIEMpy 最初的吸收曲线，说明 PPi 的加入确实破坏了配位键，使配位后的聚合物恢复到最初没有配位的状态。

　　为研究 PIEMpy-Cu^{2+}经过回收再利用后的机械性能，测试聚合物膜经过 4 次循环利用后的拉伸强度，如图 3-27 所示。尽管经过了 4 次配位—解配位—再配位循环，材料拉伸强度的变化维持在 2%以内。这是因为金属配位作用是一种超分子相互作用，它的形成和解除对高分子链本身的结构不会造成影响。

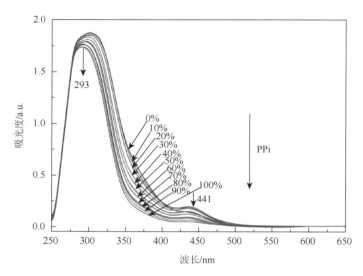

图 3-26 PIEMpy-Cu²⁺溶液随 PPi 加入的 UV-vis 图

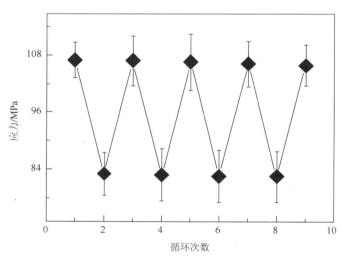

图 3-27 PIEMpy-Cu²⁺的应力-循环次数曲线

3.2 金属配位作用驱动 *N*-聚吲哚构筑技术

3.2.1 *N*-聚吲哚的构筑

1. 单体的合成技术

反应单体的结构不同,所得线性聚合物的结构也不同,聚合物的性能也不一样。为了增加结构和性能的多样性，可以通过简单反应来自制反应单体。例如，吲哚是一种具有特殊结构的芳香族化合物，具有独特的电化学性能和光学性能以及多个反应位点，将吲哚引入聚合物骨架中，不仅可以通过改变聚合物的主链结构调控其物理性能，还可以改善聚合物材料的光电特性。本节通过 4, 4′-二溴-2, 2′-联吡啶与吲哚间的亲核取代反应，成功制备了 4, 4′-二吲哚-2, 2′-联吡啶新单体，反应路线如图 3-28 所示。

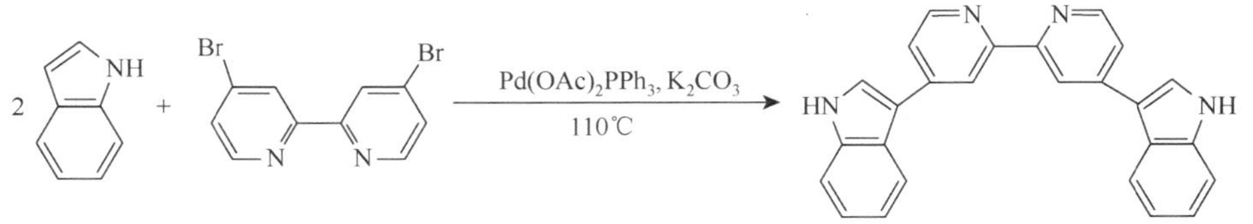

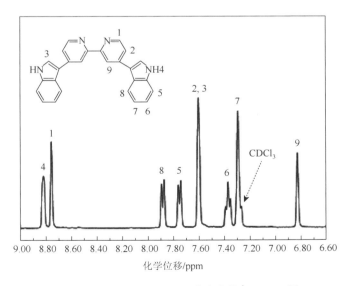

图 3-28　4, 4′-二吲哚-2, 2′-联吡啶单体的合成技术路线图

2. 单体的表征

利用 ^{1}H NMR、^{13}C NMR 和 FTIR 对 4, 4′-二吲哚-2, 2′-联吡啶单体的结构进行表征。图 3-29 为 4, 4′-二吲哚-2, 2′-联吡啶单体的 ^{1}H NMR 图。从图中可以看出，化学位移为 8.82ppm 左右的峰属于 4, 4′-二吲哚-2, 2′-联吡啶两端吲哚上—NH—的氢，化学位移为 8.76ppm 左右的峰属于吡啶苯环上邻近 N 原子的氢，化学位移为 7.89ppm、7.76ppm、7.39ppm 和 7.29ppm 的峰均属于吲哚苯环上的氢，化学位移

图 3-29　4, 4′-二吲哚-2, 2′-联吡啶的 ^{1}H NMR 图

为 7.60ppm 和 6.82ppm 的峰属于吲哚杂环和吡啶苯环上其他的氢。图 3-30 为 4, 4′-二吲哚-2, 2′-联吡啶单体的 ^{13}C NMR 图。通过 ^{13}C NMR 图可以看出,化学位移分别为 157.5ppm、150.7ppm、147.8ppm、135.1ppm、130.3ppm、125.8ppm、123.3ppm、121.5ppm、121.4ppm、117.3ppm、114.7ppm、110.9ppm 和 106.0ppm。图 3-31 为 4, 4′-二吲哚-2, 2′-联吡啶单体的 FTIR 图。通过 FTIR 图可以看出,3439cm^{-1} 处的吸收峰属于吲哚上—NH—的伸缩振动特征吸收峰,1588cm^{-1} 左右处的吸收峰属于芳香环上 C=C 和 C=N 的伸缩振动特征吸收峰,1467cm^{-1} 左右处的吸收峰属于 C—N 的伸缩振动特征吸收峰,1337~1207cm^{-1} 处的吸收峰属于 C—C 伸缩振动吸收峰,730cm^{-1} 左右处的吸收峰属于苯环上 C—H 的变形振动特征吸收峰。综上所述,成功合成了 4, 4′-二吲哚-2, 2′-联吡啶单体,其完全能满足后续聚合要求。

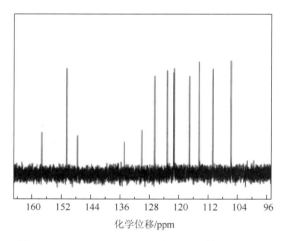

图 3-30　4, 4′-二吲哚-2, 2′-联吡啶的 ^{13}C NMR 图

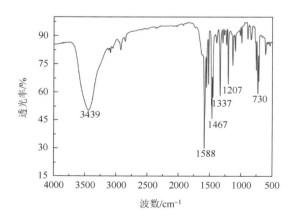

图 3-31　4, 4′-二吲哚-2, 2′-联吡啶的 FTIR 图

3. N-聚吲哚的合成技术

采用直接聚合的方法，利用吲哚中—NH—与—OH 反应活性相似的特点，将原料在无催化剂条件下通过亲核取代反应缩聚合成 N-聚吲哚。具体如下：在惰性气体保护下，将 4, 4′-二羟基二苯胺、4, 4′-二吲哚-2, 2′-联吡啶单体和 4, 4′-二氟二苯砜在有机溶剂中混合，然后加热并持续搅拌以进行反应，最终得到产物。通过调整二羟基化合物、4, 4′-二吲哚-2, 2′-联吡啶单体的比例可制备不同的聚合物。合成 N-聚吲哚的技术路线如图 3-32 所示。

图 3-32 N-聚吲哚的合成技术路线图

4. N-聚吲哚的表征

利用 FTIR 和 ^{1}H NMR 对 N-聚吲哚（N-PIN）的结构进行表征。图 3-33 为 N-PIN 的 FTIR 和 ^{1}H NMR 图。从 FTIR 图中可以看出，波数为 3380cm^{-1} 左右的振动吸收峰属于 N—H 的伸缩振动特征吸收峰，波数为 832cm^{-1} 左右的振动吸收峰属于芳香环上的 C—H 变形振动特征吸收峰，波数为 1585cm^{-1} 的振动吸收峰属于芳香环上的 C═C 和杂环上的 C═N 伸缩振动特征吸收峰，波数为 1484cm^{-1} 左右的振

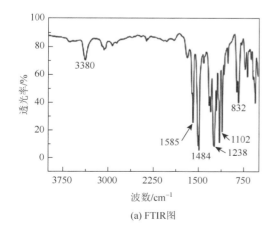

(a) FTIR图

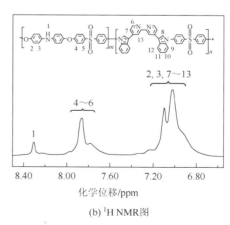

(b) ^{1}H NMR图

图 3-33 N-PIN 的 FTIR 和 ^{1}H NMR 图

动吸收峰属于 C—O 和 C—N 的伸缩振动特征吸收峰，波数为 1238～1102cm⁻¹ 的振动吸收峰属于 O=S=O 和 C—C 的振动吸收峰。从 ¹H NMR 图中可以看出，化学位移为 8.30ppm 左右的峰属于 4, 4′-二吲哚-2, 2′-联吡啶上—NH—的氢，化学位移为 7.87ppm 左右的峰属于砜基邻近苯环以及吡啶苯环上邻近 N 原子的氢，化学位移为 7.1～7.0ppm 的峰属于吲哚及其他苯环上的氢。综上所述，成功制备了 N-PIN，其满足后续交联要求。

3.2.2　金属配位交联 *N*-聚吲哚的构筑

1. Cu²⁺-N-PIN 的制备

通过利用 N-PIN 聚合物链上的配体联吡啶与 Cu²⁺ 的金属配位交联点作为物理交联点将线性聚合物进一步交联，可制备高热稳定性和高机械强度的交联聚合物材料 Cu²⁺-N-PIN。通过金属配位交联构筑的高性能聚合物可以被浇注成各种材料，为了验证材料的机械性能，采用浇注法将聚合物浇注成膜。具体技术路线如下：将 N-PIN 溶于有机溶剂中，并向溶液中加入金属离子 Cu²⁺，混合均匀后浇注在载玻片上，得到聚合物膜。

2. 金属配位作用的证明

对配位前后的聚合物膜进行 FTIR 和 UV-vis 分析。图 3-34 为配位前后聚合物膜的 FTIR 图和 UV-vis 图。与配位前的聚合物膜相比，配位后聚合物膜的红外峰发生了明显的变化，而且有轻微的红移现象；紫外吸收峰也发生了明显的变化。上述结果证明聚合物链上的配体与 Cu²⁺ 形成了金属配位作用，进一步说明 Cu²⁺-N-PIN 被成功制备。

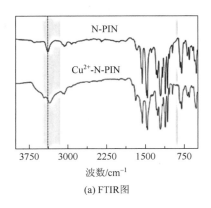

(a) FTIR图

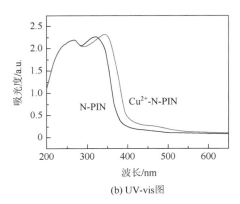

(b) UV-vis图

图 3-34　配位前后聚合物膜的 FTIR 和 UV-vis 图

3. 性能研究

利用 TG 和 DSC 表征 Cu²⁺-N-PIN 和 N-PIN 的热稳定性。图 3-35 为 Cu²⁺-N-PIN 和 N-PIN 的 TG 和 DSC 图。基于 N-PIN 的芳香族刚性骨架,其分解温度达到 453℃。将 Cu²⁺ 引入聚合物中,聚合物的分解温度从 453℃ 提高到 513℃。相比未配位的 N-PIN,Cu²⁺-N-PIN 的玻璃化转变温度从 243℃ 提高到 282℃。配位后交联聚合物的分解温度和玻璃化转变温度得到了大幅度的提高,说明金属配位作用确实能起到类似于化学交联的效果,将聚合物链通过各个物理交联点连接在一起,使得聚合物只有在更高的温度下才能实现链段的运动,提高聚合物的热性能。

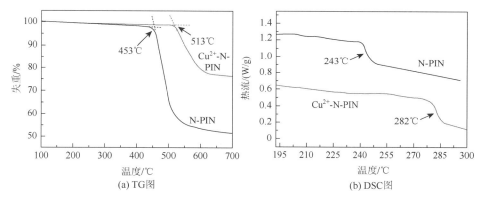

(a) TG图   (b) DSC图

图 3-35   聚合物膜的 TG 和 DSC 图

图 3-36 为 Cu²⁺-N-PIN 和 N-PIN 的应力-应变曲线。相比未交联的线性聚合物,基于金属配位作用构筑的交联聚合物材料的拉伸强度和断裂伸长率都得到提高,表明适当的金属配位交联可以增加分子链间的相互作用力,从而得到具有更高拉伸强度的高性能交联聚合物材料,而且还可以提高材料的韧性,让材料表现出更高的断裂伸长率。

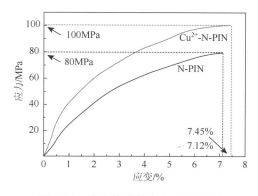

图 3-36   聚合物膜的应力-应变曲线

3.2.3　金属配位交联 *N*-聚吲哚的循环利用技术

　　金属配位作用的可逆重构和解除使 Cu^{2+}-N-PIN 交联聚合物实现回收再利用，其过程如图 3-37 所示：①将 N-PIN 聚合物溶解在溶剂 NMP 中，并加入 Cu^{2+}，搅拌均匀后浇注成膜；②待该交联膜使用结束后，将其浸泡在 NMP 中，交联聚合物薄膜 Cu^{2+}-N-PIN 只能溶胀而无法溶解；③将 PPi 加入上述溶胀体系中，Cu^{2+}-N-PIN 溶解，金属配位交联点解除，Cu^{2+}-N-PIN 恢复为线性结构的 N-PIN，再加入 Cu^{2+} 后，重新形成新的金属配位交联聚合物材料 Cu^{2+}-N-PIN。

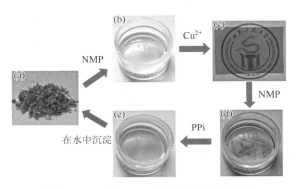

图 3-37　Cu^{2+}-N-PIN 的回收再利用过程

（a）N-PIN 聚合物粉末；（b）N-PIN 聚合物溶解在 NMP 溶液中；（c）Cu^{2+}-N-PIN 聚合物薄膜；（d）溶胀的 Cu^{2+}-N-PIN 聚合物薄膜溶解在 NMP 溶液中；（e）N-PIN 聚合物溶解在 NMP 溶液中

　　为了证明 Cu^{2+}-N-PIN 的再次溶解是由于加入的 PPi 与 Cu^{2+} 形成新的配位体系而将聚合物链中起交联作用的 Cu^{2+} "夺走"，开展紫外滴定实验。图 3-38 为 PPi

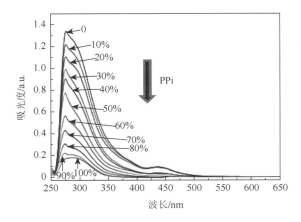

图 3-38　Cu^{2+}-N-PIN 溶液随 PPi 加入的 UV-vis 图

滴定实验的 UV-vis 图。从图中可以看出，随着加入的 PPi 摩尔分数的增加，体系在 276nm 和 441nm 处的吸收峰都逐渐减弱，直至恢复为 N-PIN 最初的吸收曲线，说明 PPi 的加入确实破坏了配位键，使配位后的聚合物恢复到最初未配位的状态。

为研究 Cu^{2+}-N-PIN 经过回收再利用后的机械性能，测试聚合物膜经过 4 次循环利用后的拉伸强度，如图 3-39 所示。经过 4 次配位—解配位—再配位循环，Cu^{2+}-N-PIN 的拉伸强度基本不变。

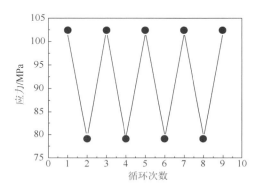

图 3-39　Cu^{2+}-N-PIN 的应力-循环次数曲线

3.3　金属配位作用驱动支链含配位基团聚醚酮的构筑技术

3.3.1　支链含配位基团的聚醚酮的构筑

1. 单体的合成技术

聚合物的性能与其结构有一定的关系，配位基团在主链还是支链，对聚合物的性能有很大的影响。本节制备配位基团在支链的线性聚合物。首先合成含配位基团的二氟单体[苯并三氮唑基二氟化合物（BTA）和 2-(2′-吡啶基)苯并咪唑基二氟化合物（PBI）]，图 3-40 为含配位基团的二氟单体的合成路线图。

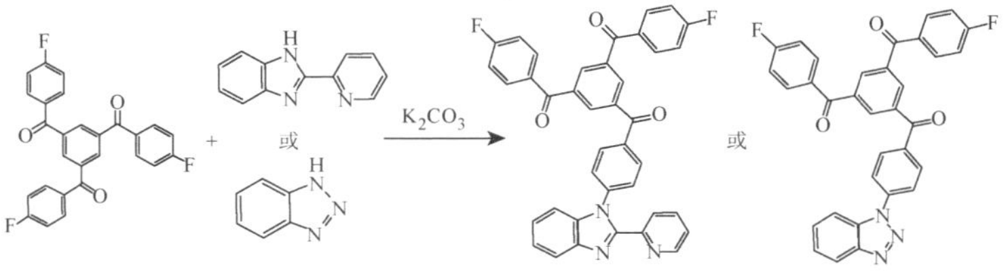

图 3-40　含配位基团的二氟单体的合成路线图

2. 单体的表征

利用 ¹H NMR、¹³C NMR 和 FTIR 对 BTA 和 PBI 的结构进行表征。从 BTA 的 ¹H NMR 和 ¹³C NMR 图得到如下数据。¹H NMR 图（400MHz，CDCl₃）：$\delta = 8.4$ppm（s，2H），8.3ppm（s，1H），8.2ppm（d，1H），8.1ppm（d，2H），8.0ppm（d，2H），7.9ppm（m，4H），7.8ppm（d，1H），7.6ppm（t，1H），7.5ppm（t，1H），7.2ppm（t，4H）。¹³C NMR 图（150MHz，CDCl₃）：$\delta = 193.0$ppm，167.2ppm，164.4ppm，146.5ppm，140.5ppm，138.8ppm，137.8ppm，135.8ppm，133.8ppm，133.5ppm，132.6ppm，131.7ppm，128.9ppm，124.9ppm，122.0ppm，120.5ppm，116.0ppm，109.9ppm。图 3-41 为 BTA 单体的 FTIR 图。从图中可以看出，在 3438cm⁻¹、3062cm⁻¹、2908cm⁻¹、1662cm⁻¹、1599cm⁻¹、1510cm⁻¹、1446cm⁻¹、1238cm⁻¹、1155cm⁻¹、1026cm⁻¹ 和 840cm⁻¹ 处有吸收峰。从 PBI 的 ¹H NMR 和 ¹³C NMR 图得到如下数据。¹H NMR 图（400MHz，CDCl₃）：$\delta = 8.3$ppm（s，2H），8.29ppm（s，1H），8.19ppm（d，2H），7.89ppm（s，2H），7.85ppm（m，5H），7.73ppm（t，1H），7.41ppm（d，2H），7.32ppm（t，1H），7.26ppm（t，1H），7.15ppm（d，1H），7.12ppm（t，5H）。¹³C NMR 图（150MHz，CDCl₃）：$\delta = 205.1$ppm，192.1ppm，147.6ppm，141.6ppm，137.3ppm，135.5ppm，132.7ppm，131.6ppm，130.1ppm，126.256ppm，123.5ppm，122.4ppm，114.9ppm，109.4ppm。图 3-42 为 PBI 单体的 FTIR 图。从图中可以看出，在 2914cm⁻¹、1660cm⁻¹、1590cm⁻¹、1424cm⁻¹、

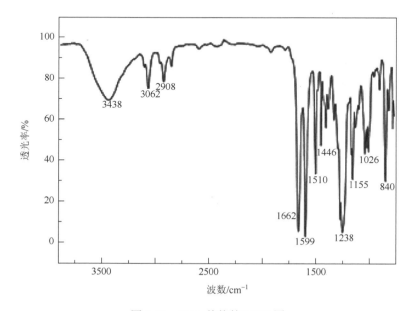

图 3-41　BTA 单体的 FTIR 图

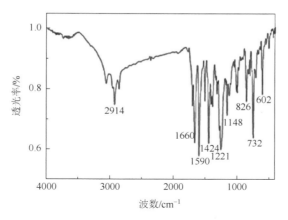

图 3-42　PBI 单体的 FTIR 图

$1221cm^{-1}$、$1148cm^{-1}$、$826cm^{-1}$、$732cm^{-1}$ 和 $602cm^{-1}$ 处有吸收峰。综上所述，成功合成了含配位基团的二氟单体，其完全能满足后续聚合要求。

3. 支链含配位基团的聚醚酮聚合物的合成

采用直接聚合的方法，将合成的含配位基团的二氟单体与对苯二酚和市售的二氟单体三元共聚，原料在无催化剂条件下通过亲核取代反应缩聚合成支链含配位基团的聚醚酮。具体如下：在惰性气体保护下，将对苯二酚、含配位基团的二氟单体和市售的二氟单体在有机溶剂中混合，然后加热并持续搅拌以进行反应，最终得到产物 PAEK-co-BTA-co-PBI。通过调整 BTA 和 PBI 的比例可制备不同配体含量的聚合物。合成支链含配位基团的聚醚酮的技术路线如图 3-43 所示。

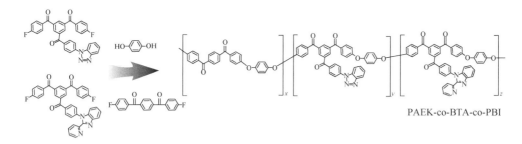

图 3-43　支链含配位基团的聚醚酮的合成技术路线图

3.3.2　金属配位交联支链含配位基团的聚醚酮的构筑

1. 金属配位交联聚醚酮的合成

通过利用支链含配位基团的聚醚酮（PAEK-co-BTA-co-PBI）聚合物链中苯并

三氮唑基团和 2-(2′-吡啶基)苯并咪唑基团与 Cu^{2+} 的双重金属配位交联点作为物理交联点将线性聚合物进一步交联，可制备具有良好热稳定性和较高机械强度的交联聚合物材料 Cu^{2+}-PAEK-co-BTA-co-PBI。

2. 金属配位作用的证明

1）理论证明

用密度泛函理论计算金属离子与配体之间的结合能，总结合能等于几何优化的配合物的能量与所有几何优化的单一实体的总能量的差值。图 3-44（a）和图 3-44（b）展示了在平衡状态下不同模型化合物和金属离子配位的几何形状。不同的配体与金属离子之间的作用力不同，如 Cu^{2+} 与模型化合物 N-苯基-2-(2-吡啶基)苯并咪唑形成配位作用后键能为 227kJ/mol，而 Cu^{2+} 与模型化合物 N-苯基吲哚结合形成配位作用后键能为 112kJ/mol。键能高，容易形成强配位键；键能低，键在外部荷载作用下容易断裂。

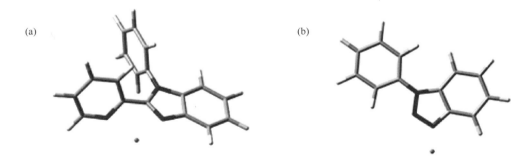

图 3-44　模型化合物和金属离子配位的几何形状

（a）在平衡状态下，模型化合物 N-苯基-2-(2-吡啶基)苯并咪唑和金属离子配位的几何形状；（b）在平衡状态下，模型化合物 N-苯基吲哚和金属离子配位的几何形状

2）实验证明

为了证明 Cu^{2+} 与 PAEK-co-BTA-co-PBI 之间形成金属配位键，开展 EDX、UV-vis 和荧光滴定实验（图 3-45，彩图见附图 1）。图 3-45（a）和图 3-45（b）分别为 EDX 的线扫和面扫图，可以看出 Cu^{2+} 均匀分布在聚合物薄膜中。图 3-45（c）为加入 Cu^{2+} 前后聚合物膜的 UV-vis 图。与加入 Cu^{2+} 前聚合物膜的 UV-vis 相比，加入 Cu^{2+} 后聚合物膜的 UV-vis 出现明显红移。Cu^{2+} 滴定实验的三维荧光光谱如图 3-45（d）和图 3-45（e）所示，随着 Cu^{2+} 含量不断增加，配体的荧光峰逐渐减弱。上述结果证实 Cu^{2+} 和配体之间形成金属配位键。

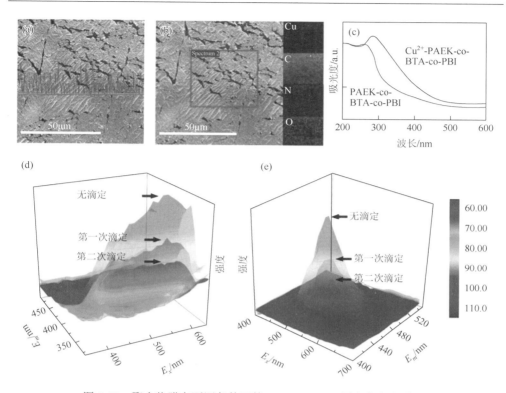

图 3-45　聚合物膜在不同条件下的 EDX、UV-xis 图和荧光光谱图

（a）聚合物膜的 EDX 线扫图；（b）聚合物膜的 EDX 面扫图；（c）加入 Cu²⁺ 前后聚合物膜的 UV-vis 图；（d）苯并三氮唑的三维荧光光谱图；（e）2-(2'-吡啶)苯并咪唑的三维荧光光谱图

3. 性能研究

采用 TG、DSC 和动态热机械分析（DMA）对 Cu^{2+}-PAEK-co-BTA-co-PBI 薄膜进行表征。图 3-46（a）为 PAEK-co-BTA-co-PBI 和 Cu^{2+}-PAEK-co-BTA-co-PBI 的 TG 图。图 3-46（b）为 PAEK-co-BTA-co-PBI 和 Cu^{2+}-PAEK-co-BTA-co-PBI 的 DSC 图。从图中可以看出，由于存在交联，Cu^{2+}-PAEK-co-BTA-co-PBI 薄膜的热分解温度（$T_d = 505℃$）和玻璃化转变温度（$T_g = 265℃$）均明显高于 PAEK-co-BTA-co-PBI 薄膜。图 3-46（c）为 PAEK-co-BTA-co-PBI 和 Cu^{2+}-PAEK-co-BTA-co-PBI 的 DMA 图。从图中可以看出，Cu^{2+}-PAEK-co-BTA-co-PBI 薄膜的储能模量为 8.2GPa，高于 PAEK-co-BTA-co-PBI 薄膜。图 3-46（d）为不同配体含量的 Cu^{2+}-PAEK-co-BTA-co-PBI 的应力-应变曲线。拉伸强度范围为 89～122MPa，断裂伸长率范围为 8.1%～16.4%，应变处出现屈服点。这是因为在 Cu^{2+}-PAEK-co-BTA-co-PBI 中存在双重金属配位作用，其协同效应可以加速能量耗散和提高聚合物的力学性能。

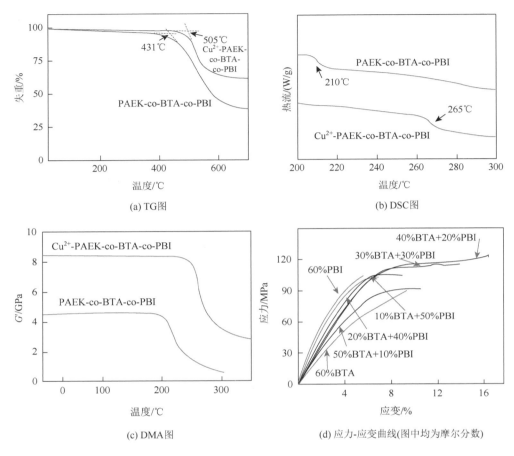

图 3-46　加入 Cu²⁺ 前后聚合物膜的 TG 图、DSC 图、DMA 图和应力-应变曲线

4. 增强增韧机理

为了验证聚合物膜中可逆的双重金属配位键协同作用有利于提高聚合物的韧性，对 Cu²⁺-PAEK-co-BTA-co-PBI、Cu²⁺-PAEK-co-BTA 和 Cu²⁺-PAEK-co-PBI 进行循环加载测试，如图 3-47 所示。在达到屈服点之前，样品表现出胡克弹性行为，能量耗散主要取决于化学键长度和键角的变化。由于这三种聚合物的骨架相似，它们的能量耗散情况大致相同。由于 Cu²⁺—PBI 配位键比 Cu²⁺—BTA 配位键强，Cu²⁺-PAEK-co-PBI 表现出比 Cu²⁺-PAEK-co-BTA 更大的脆性，故无法进行第 3 次循环加载测试。与 Cu²⁺-PAEK-co-BTA-co-PBI 相比，Cu²⁺-PAEK-co-BTA 中 Cu²⁺—BTA 配位键较多，导致 Cu²⁺-PAEK-co-BTA-co-PBI 的能量耗散程度明显低于 Cu²⁺-PAEK-co-BTA。同时，Cu²⁺-PAEK-co-BTA-co-PBI 中 Cu²⁺—PBI 配位键和共价键一起分担了大部分荷载，由此提高了材料的强度，可逆的 Cu²⁺—BTA 配位键

增加了能量耗散，由此提高了材料的韧性，从而使交联聚合物材料具有高强度高韧性的特性。聚合物的增韧机制如下：在小应变条件下，可逆的 Cu^{2+}—BTA 配位键在初始位置进行重构；在大应变条件下，Cu^{2+}—PBI 配位键逐渐断裂，并和 Cu^{2+}—BTA 配位键一起增强能量耗散，形成残余应变。在 Cu^{2+}-PAEK-co-BTA-co-PBI 聚合物膜的第 4 次和第 5 次循环加载测试中，可逆的金属配位键通过动态和空间重构有效地耗散能量。

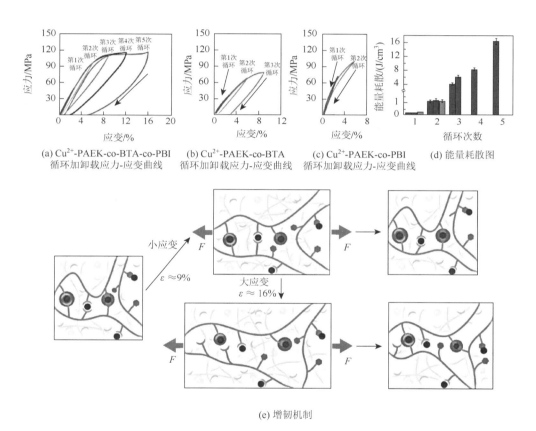

(a) Cu^{2+}-PAEK-co-BTA-co-PBI　　(b) Cu^{2+}-PAEK-co-BTA　　(c) Cu^{2+}-PAEK-co-PBI　　(d) 能量耗散图
　循环加卸载应力-应变曲线　　　循环加卸载应力-应变曲线　　循环加卸载应力-应变曲线

(e) 增韧机制

图 3-47　聚合物增韧的证明

注：ε 为应变，F 为载荷即施加的力。

3.3.3　金属配位交联支链含配位基团的聚醚酮的循环利用技术

金属配位作用的可逆重构和解除使 Cu^{2+}-PAEK-co-BTA-co-PBI 交联聚合物实现回收再利用，其过程如图 3-48 所示：①将 PAEK-co-BTA-co-PBI 聚合物溶于 DMSO 中，得到 PAEK-co-BTA-co-PBI 聚合物溶液，加入 Cu^{2+} 并搅拌均匀后，将混合体系浇注成膜，得到 Cu²⁺-PAEK-co-BTA-co-PBI 交联聚合物薄膜；②将聚合物膜置于 DMSO 溶液中，膜不溶解，仅形成溶胀体系；③将 PPi 加入上述聚合物膜的溶胀体系中，Cu²⁺-PAEK-co-BTA-co-PBI 溶解，金属配位交联点解除，将其倒入水中析出 PAEK-co-BTA-co-PBI 聚合物。

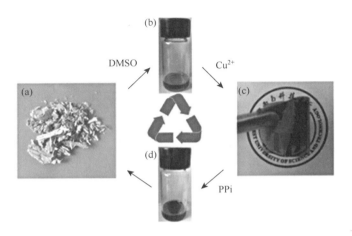

图 3-48　Cu²⁺-PAEK-co-BTA-co-PBI 的回收再利用过程

（a）PAEK-co-BTA-co-PBI 粉末；（b）PAEK-co-BTA-co-PBI 聚合物溶液；（c）Cu²⁺-PAEK-co-BTA-co-PBI 聚合物薄膜；（d）加入 PPi 后的 Cu²⁺-PAEK-co-BTA-co-PBI 聚合物溶液

　　为研究 Cu²⁺-PAEK-co-BTA-co-PBI 经过回收再利用后的机械性能，测试聚合物膜经过 4 次循环利用后的拉伸强度，如图 3-49 所示。虽然经过了 4 次配位 — 解配位—再配位循环，但材料的拉伸强度变化很小。这是因为金属配位作用是一种超分子相互作用，它的形成和解除对高分子链本身的结构不会造成影响。

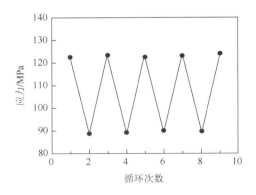

图 3-49　Cu²⁺-PAEK-co-BTA-co-PBI 的应力-循环次数曲线

3.4　金属配位作用驱动高性能环氧树脂构筑技术

苯并三氮唑和 Cu^{2+} 之间的配位作用可以通过外力轻松地进行重构和解除。鉴于此，本节利用苯并三氮唑和 Cu^{2+} 之间的配位作用构筑新型环氧树脂，配位交联和共价交联的协同作用将同时提高聚合物的拉伸强度和韧性，由此可获得高性能聚合物材料[7]。

3.4.1　金属配位交联苯并三氮唑基环氧树脂的制备

1. 1-环氧丙基苯并三氮唑单体的合成与表征

按照图 3-50 所示合成路线，利用苯并三氮唑和环氧氯丙烷在 K_2CO_3 和 PEG-400 存在条件下进行反应，得到 1-环氧丙基苯并三氮唑（EPT）单体。

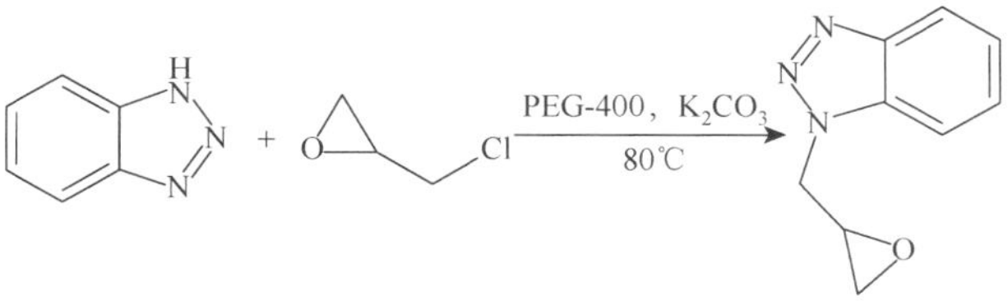

图 3-50　EPT 的合成路线图

图 3-51（a）和图 3-51（b）分别为 EPT 的 ^{13}C NMR 和 ^{1}H NMR 图，从图中可以看出，所合成的单体中 C 的位置与谱图中 C 的位置一致，且所合成的单体在

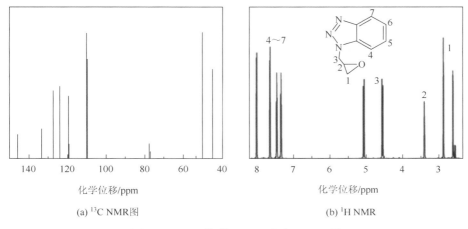

(a) ^{13}C NMR图　　　　　　　　　(b) ^{1}H NMR

图 3-51　EPT 的 ^{13}C NMR 和 ^{1}H NMR 图

各化学环境下 H 原子的化学位移、数目与其峰面积与 EPT 相吻合。图 3-52 为单体的 FTIR 图，914cm^{-1} 处的吸收峰是 C—O—C 的拉伸振动特征峰，1230cm^{-1} 处的吸收峰是 N=N 振动吸收特征峰，1614cm^{-1} 和 1450cm^{-1} 左右处的吸收峰是苯环的特征峰。综上所述，EPT 被成功制备。

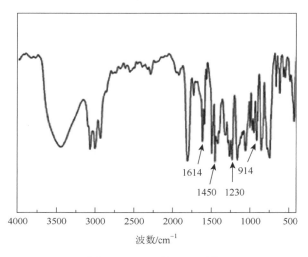

图 3-52　EPT 的 FTIR 图

2. 金属配位交联苯并三氮唑基环氧树脂薄膜的合成与表征

如图 3-53 所示，将 EPT、三亚乙基四胺（TETA）、双酚 A 二缩水甘油醚（DGEBA）和醋酸酮溶解在 DMF 中形成均匀的混合溶液，然后浇注成 PEPTDT-Cu^{2+}薄膜。

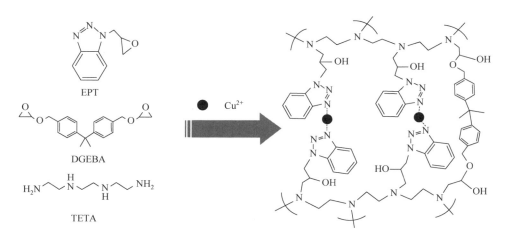

图 3-53　PEPTDT-Cu^{2+}薄膜的制备

图 3-54 为聚合物的 FTIR 和 ^{13}C NMR 图。从 PEPTDT 的 FTIR 图中可以看出，1604cm^{-1} 处的吸收峰为苯环的伸缩振动特征峰，1235cm^{-1} 处的吸收峰为 N=N 的拉伸振动峰，3371cm^{-1} 和 1030cm^{-1} 处的吸收峰为仲醇的拉伸振动特征峰，823cm^{-1} 左右处的吸收峰为苯环中氢的弯曲振动吸收峰。从 PEPTDT-Cu^{2+} 的 FTIR 图中可以看出，1605cm^{-1} 处的吸收峰为苯环的伸缩振动特征峰，1178cm^{-1} 和 1235cm^{-1} 处的吸收峰为 N=N 的拉伸振动峰，1030cm^{-1} 和 3394cm^{-1} 处的吸收峰为仲醇的拉伸振动特征峰，825cm^{-1} 处的吸收峰为苯环中氢的弯曲振动吸收峰。从 ^{13}C NMR 图中可以看出，与 PEPTDT 相比，PEPTDT-Cu^{2+} 的 ^{13}C NMR 图出现了两个新的化学位移峰（化学位移分别为 192ppm 和 175ppm），归属于醋酸铜中 C=O 的碳。综上所述，PEPTDT-Cu^{2+} 被成功制备。

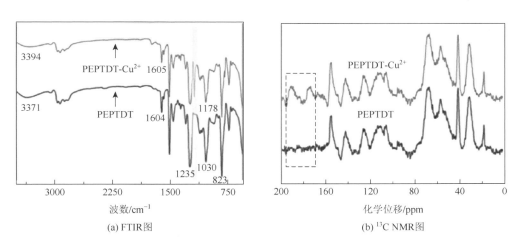

(a) FTIR图　　　　　　　　　(b) ^{13}C NMR图

图 3-54　PEPTDT 和 PEPTDT-Cu^{2+}的 FTIR 与 ^{13}C NMR 图

注：图中虚线表示两个新的化学位移峰。

3.4.2　金属配位交联苯并三氮唑基环氧树脂的性能研究

1. 金属配位作用的证明

为了研究平衡状态下 PEPTDT-Cu^{2+} 的构象和交联，进行分子动力学（MD）模拟。图 3-55（a）的内插图为 PEPTDT-Cu^{2+} 聚合物链的示意图。从图 3-55（a）中可以看出，Cu^{2+} 与苯并三氮唑基团之间的距离为 2.08Å，表明苯并三氮唑与 Cu^{2+} 之间存在相互作用。图 3-55（b）为 PEPTDT 与 PEPTDT-Cu^{2+}的 UV-vis 图。从图中可以看出，PEPTDT 薄膜在 240nm 处有吸收峰，而在加入 Cu^{2+} 后，PEPTDT-Cu^{2+} 薄膜的吸收峰移到 248nm 处，明显发生了红移。这是因为当 Cu^{2+}

与苯并三氮唑配位后，苯并三氮唑的电子云因向 Cu^{2+} 偏移而发生了变化，表明苯并三氮唑与 Cu^{2+} 之间存在相互作用。图 3-55（c）为 PEPTDT 与 PEPTDT-Cu^{2+} 的荧光光谱曲线，PEPTDT-Cu^{2+} 的最强荧光峰在 473nm 处，PEPTDT 的最强荧光峰在 503nm 处，可见 PEPTDT-Cu^{2+} 的最强荧光峰发生了蓝移，且强度明显减弱，表明 PEPTDT-Cu^{2+} 中存在 Cu^{2+} 与苯并三氮唑的金属配位作用。图 3-55（d）为 PEPTDT 与 PEPTDT-Cu^{2+} 的 EDS 图。由图可知，PEPTDT-Cu^{2+} 在 0.99keV 左右处出现了铜的元素峰，说明 Cu^{2+} 被成功引入且均匀地分布在聚合物网络中。

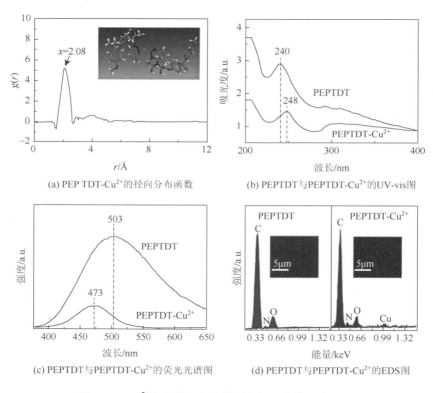

图 3-55　Cu^{2+} 与苯并三氮唑基团之间配位作用的证明

2. 性能研究

图 3-56 对比了 PEPTDT-Cu^{2+} 与 PEPTDT 的应力-应变曲线、断裂能和杨氏模量。与 PEPTDT 相比，PEPTDT-Cu^{2+} 薄膜的拉伸强度和断裂伸长率都得到了极大的改善，且 PEPTDT-Cu^{2+} 的断裂能为纯 PEPTDT 断裂能的 2 倍，优于传统的环氧树脂，表明 PEPTDT-Cu^{2+} 具有良好的韧性。

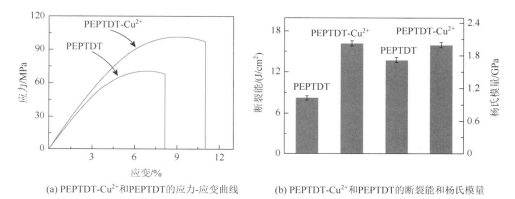

(a) PEPTDT-Cu^{2+}和PEPTDT的应力-应变曲线　(b) PEPTDT-Cu^{2+}和PEPTDT的断裂能和杨氏模量

图 3-56　PEPTDT-Cu^{2+}和 PEPTDT 的应力-应变曲线、断裂能和杨氏模量

3. 增强增韧机理

PEPTDT-Cu^{2+}中可逆的金属配位的断裂和重构有利于耗散能量，使 PEPTDT-Cu^{2+}的拉伸强度和韧性明显提升。图 3-57 为在外力作用下 PEPTDT-Cu^{2+}增韧机理示意图。从图中可以看出，当受到外力作用时，键能较小的金属配位键首先发生断裂，在聚合物链的移动过程中，苯并三氮唑配体与 Cu^{2+}结合形成新的金属配位键，在金属配位键形成与断裂过程中，能量被消耗；当发生较大形变时，可逆的金属配位作用不足以耗散掉外力，共价键开始断裂，形变达到最大时，材料的交联网络被完全破坏，共价键与金属配位键全部断裂，PEPTDT-Cu^{2+}开始产生裂痕。

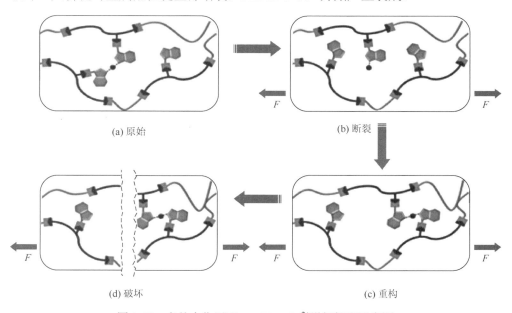

(a) 原始　　　　　　　　　　　(b) 断裂

(d) 破坏　　　　　　　　　　　(c) 重构

图 3-57　在外力作用下 PEPTDT-Cu^{2+}增韧机理示意图

4. 热稳定性研究

通过 TG 和 DSC 研究 PEPTDT 和 PEPTDT-Cu^{2+}的热稳定性能，如图 3-58 所示。PEPTDT 和 PEPTDT-Cu^{2+}均具有较高的分解温度，且形成金属配位作用后环氧树脂的热分解温度提高了 26℃。PEPTDT-Cu^{2+}的玻璃化转变温度（106.5℃）高于 PEPTDT 的玻璃化转变温度（91.3℃），说明金属配位作用确实能起到类似于化学交联的效果，将聚合物链通过各个物理交联点连接在一起，使得聚合物只有在更高的温度下才能实现链段的运动，提高聚合物的热稳定性能。

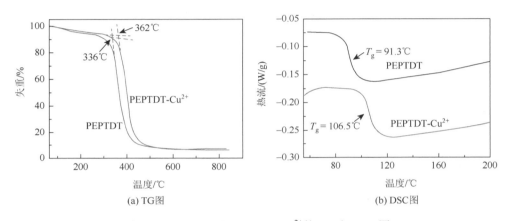

图 3-58　PEPTDT 和 PEPTDT-Cu^{2+}的 TG 和 DSC 图

参 考 文 献

[1] Chang G J，Wang C，Du M Q，et al. Metal-coordination crosslinked *N*-polyindoles as recyclable high-performance thermosets and nondestructive detection for their tensile strength and glass transition temperature. Chemical Communications，2018，54（23）：2906-2909.

[2] Yang L，Wang C，Xu Y W，et al. Facile synthesis of recyclable Zn（II）-metallosupramolecular polymers and the visual detection of tensile strength and glass transition temperature. Polymer Chemistry，2018，9（20）：2721-2726.

[3] Yang P，Yang L，Yang J X，et al. Synthesis of a metal-coordinated *N*-substituted polybenzimidazole pyridine sulfone and method for the nondestructive analysis of thermal stability. High Performance Polymers，2019，31（2）：238-246.

[4] Yang P，Yang J X，Chang G J. A metal coordination crosslinking novel high performance thermoset. Materials Science Forum，2018，913：746-751.

[5] Wang C，Yang L，Chang G J. Recyclable Cu（II）-coordination crosslinked poly（benzimidazolyl pyridine）s as high-performance polymers. Macromolecular Rapid Communications，2018，39（6）：1700573.

[6] Du M Q，Yang L，Liao C，et al. Recyclable and dual cross-linked high-performance polymer with an amplified strength-toughness combination. Macromolecular Rapid Communications，2020，41（5）：1900606.

[7] Cao L，Yang L，Xu Y W，et al. A toughening and anti-counterfeiting benzotriazole-based high-performance polymer film driven by appropriate intermolecular coordination force. Macromolecular Rapid Communications，2021，42（4）：2000617.

第4章 氢键驱动可循环利用高性能聚合物制备技术

氢键是一类较弱的相互作用，由偶极子与偶极子之间的静电吸引产生，具有方向性和饱和性。氢键广泛存在于多种化合物中，对材料的熔沸点、溶解性、玻璃化转变温度等具有重要影响。同时，氢键具有可逆性、协同性，这有利于聚合物链之间氢键交联点的解除和重构。不过，单个氢键的强度较弱，在低分子量的体系中难以形成稳定的交联网络，但可以利用结构设计使分子之间形成具有一定强度和数量的氢键，从而构筑稳定的交联网络。本章选择苯并三氮唑作为氢键载体，将苯并三氮唑引入聚合物主链，设计的聚合物链之间可形成多重氢键，此外本章还研究了聚亚胺醚酮、磺化聚亚胺醚醚酮等中的氢键[1-6]。

4.1 氢键驱动含苯并三氮唑基团聚醚砜的构筑技术

4.1.1 含苯并三氮唑基团的聚醚砜的构筑

1. 苯并三氮唑基模型化合物的合成与表征

为了证明苯并三氮唑能与 4,4′-二氟二苯砜发生亲核取代反应，构建模型化合物，模型化合物的合成路线如图 4-1 所示。

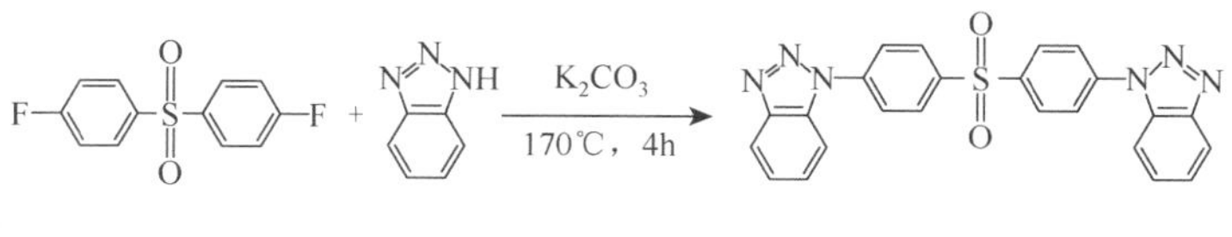

图 4-1 模型化合物的合成路线

利用 ^{1}H NMR 和 FTIR 对模型化合物的结构进行表征。图 4-2 为模型化合物的 ^{1}H NMR 和 FTIR 图。核磁和红外谱图均验证了模型化合物的结构，模型化合物的成功合成证明苯并三氮唑可以与 4,4′-二氟二苯砜进行亲核取代反应。并且，苯并三氮唑上—NH—的反应活性和—OH 的反应活性相似。以上结果表明含苯并三氮唑基团的聚醚砜可以由 4-羟基苯并三氮唑与 4,4′-二氟二苯砜通过简单的芳香亲核共缩聚反应形成。

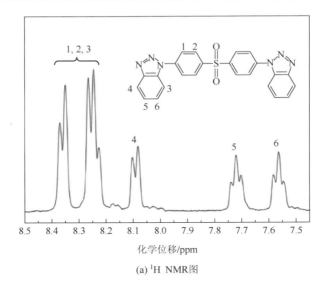

(a) ¹H NMR图

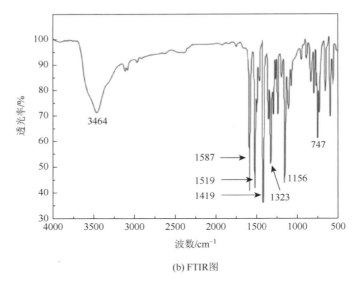

(b) FTIR图

图 4-2　模型化合物的 ¹H NMR 和 FTIR 图

2. 含苯并三氮唑基团的聚醚砜的合成

采用直接聚合的方法，在无催化剂条件下通过亲核取代反应缩聚合成含苯并三氮唑基团的聚醚砜（PBTS）。具体如下：在惰性气体保护下，将 4-羟基苯并三氮唑与 4,4'-二氟二苯砜在有机溶剂中混合，然后加热并持续搅拌，最终得到产物，合成技术路线如图 4-3 所示。

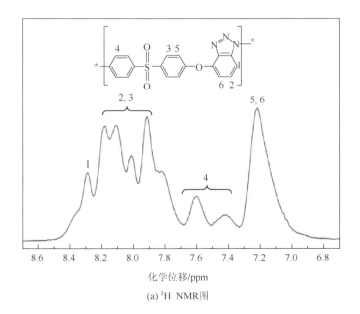

图 4-3　含苯并三氮唑基团的聚醚砜的合成路线

3. 含苯并三氮唑基团的聚醚砜的表征

利用 ^{1}H NMR 和 FTIR 对含苯并三氮唑基团的聚醚砜的结构进行表征。图 4-4（a）为含苯并三氮唑基团的聚醚砜的 ^{1}H NMR 图，从图中可以看出，化学位移 $\delta = 8.33$ppm 为苯并三氮唑环附近苯环上 H，^{1}H NMR 图中没有出现—OH 和 — NH —的峰，表明 4-羟基苯并三氮唑上的—OH 和—NH—基团完全进行了反应，进一步证明含苯并三氮唑基团的聚醚砜被成功合成。图 4-4（b）为含苯并三氮唑基团的聚醚砜的 FTIR 图。从图中可以看出，3430cm^{-1} 左右处的吸收峰为 N — H 振动吸收特征峰，1588cm^{-1} 位置的吸收峰为苯环上的 C═C 振动吸收特征峰，1487cm^{-1} 位置的吸收峰为 C—N 振动吸收特征峰，1035cm^{-1} 和 1242cm^{-1} 位置的吸收峰为 C—O 的对称伸缩振动和不对称伸缩振动吸收特征峰。核磁和红外谱图均验证了含苯并三氮唑基团的聚醚砜的结构。

(a) ^{1}H NMR图

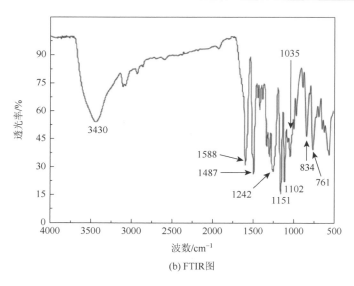

(b) FTIR图

图 4-4　含苯并三氮唑基团的聚醚砜的 ^{1}H NMR 和 FTIR 图

4.1.2　氢键交联含苯并三氮唑基团的聚醚砜的构筑

1. 氢键交联含苯并三氮唑基团的聚醚砜的合成

氢键交联前的线性聚合物主链含苯并三氮唑基团，随后将其质子化，获得质子化的含苯并三氮唑基团的聚醚砜，聚合物分子链间通过氢键获得高性能聚合物的交联结构，进而得到具有良好力学性能和稳定性的聚合物。为了验证材料的机械性能，采用浇注法将聚合物浇注成膜。具体技术路线如下：①将含苯并三氮唑基团的聚醚砜溶于有机溶剂中；②溶液通过膜过滤器后进行酸化处理；③将得到的质子化含苯并三氮唑基团的聚醚砜溶液快速浇注在载玻片上，制备质子化的含苯并三氮唑基团的聚醚砜膜（PBTSH$^+$）。在室温下，产生的薄膜为半透明、非黏性的固体。

2. 氢键的证明

为获得氢键交联的含苯并三氮唑基团的聚醚砜，需要对聚合物链间的氢键进行分子动力学模拟，同时研究质子化苯并三氮唑基团之间氢键的相互作用机理，为构筑含苯并三氮唑基团的聚醚砜提供理论支撑。利用分子动力学模拟分析平衡状态下质子化含苯并三氮唑基团的聚醚砜的构象和交联模式，计算质子化含苯并三氮唑基团的聚醚砜体系中氢键之间的径向分布函数。图 4-5 展示了相邻质子化含苯并三氮唑基团的聚醚砜链。氢键的协同效应使苯并三氮唑基团相互靠近，相关距离为2.46Å，说明质子化的苯并三氮唑基团之间具有很强的氢键。

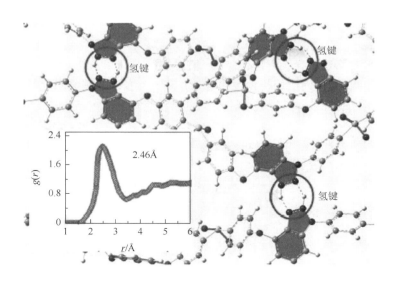

图 4-5　在平衡状态下模拟盒中相邻聚合物链的快照和径向分布函数

　　为了验证氢键作为交联位点构筑聚合物膜，利用红外光谱对聚合物膜进行表征。图 4-6 为 PBTSH$^+$的 FTIR 图。从图中可以看出，质子化的 HN$^+$ = N 的特征吸收峰出现在波数为 3360cm^{-1} 处，随着温度的升高，PBTSH$^+$中的氢键交联程度减小，且该处的吸收峰向高波数移动，表明质子化的苯并三氮唑基团之间存在的氢键是聚合物膜中的交联位点。

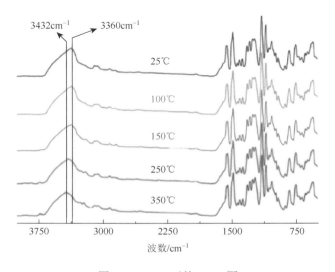

图 4-6　PBTSH$^+$的 FTIR 图

3. 性能研究

拉伸强度是影响聚合物薄膜性能的一个重要因素。在室温下测试聚合物薄膜的拉伸强度。图 4-7 为不同质子化程度的含苯并三氮唑基团的聚醚砜膜的应力-应变曲线，所有质子化的含苯并三氮唑基团的聚醚砜膜都表现出较高的断裂应力，并且随着质子化程度的增加，聚醚砜膜的拉伸强度明显增加。由于聚合物链间的氢键交联作用，完全质子化的含苯并三氮唑基团的聚醚砜膜的断裂应力高于未质子化的含苯并三氮唑基团的聚醚砜膜。

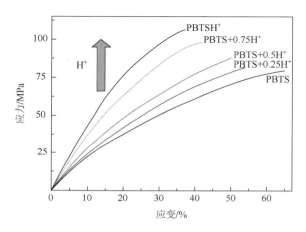

图 4-7　不同质子化程度的含苯并三氮唑基团的聚醚砜膜的应力-应变曲线

利用 TG 和 DSC 表征碱处理前后质子化含苯并三氮唑基团的聚醚砜的热稳定性。图 4-8 为碱处理前后质子化含苯并三氮唑基团的聚醚砜的 TG 和 DSC 图。相比碱处理后的质子化含苯并三氮唑基团的聚醚砜，碱处理前的质子化含苯并三氮唑基团的聚醚砜的分解温度稍高。碱处理后的质子化含苯并三氮唑基团的

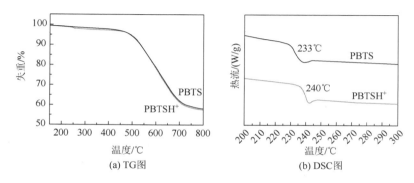

(a) TG图　　　　　　　　　(b) DSC图

图 4-8　碱处理前后质子化含苯并三氮唑基团的聚醚砜膜的 TG 和 DSC 图

聚醚砜的玻璃化转变温度为 233℃，而碱处理前的质子化含苯并三氮唑基团的聚醚砜的玻璃化转变温度达 240℃，氢键交联聚合物的玻璃化转变温度得到了提高。综上所述，氢键交联的质子化含苯并三氮唑基团的聚醚砜是一种新型的高性能聚合物材料。

不溶于溶剂是热固性材料的关键特性之一。从表 4-1 中可以看出，含苯并三氮唑基团的聚醚砜能溶于许多有机溶剂。而交联后的质子化含苯并三氮唑基团的聚醚砜膜不溶于常见的有机溶剂（DMAc、DMSO、DMF、NMP、CHCl$_3$）。这是由于质子化的含苯并三氮唑基团的聚醚砜链之间存在氢键，自由状态的线性分子链交联成网络结构，因此溶剂分子无法溶解交联聚合物薄膜，故氢键交联后聚合物材料的耐溶剂性能得到了提高。

表 4-1　酸处理前后聚合物在不同溶剂中的溶解度

样品	DMAc	DMSO	DMF	NMP	THF	CHCl$_3$
PBTS	++	++	++	++	--	+-
PBTSH$^+$	--	--	--	--	--	--

++：聚合物能被完全溶解；　+-：聚合物仅能被溶胀；　--：聚合物不能被溶解。

氢键交联前后聚合物膜宏观性质的变化进一步验证了聚合物链间氢键可以可逆地重构和解除。如图 4-9 所示，将含苯并三氮唑基团的聚醚砜膜浸泡在酸溶液中，得到质子化的含苯并三氮唑基团的聚醚砜膜，且聚合物膜变得几乎不透明；再将质子化的含苯并三氮唑基团的聚醚砜膜浸泡在碱溶液中，转变为去质子化的含苯并三氮唑基团的聚醚砜膜，聚合物膜呈透明状。

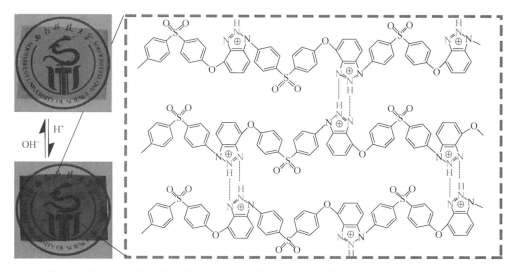

图 4-9　氢键交联前后聚合物膜在自然光照下的照片及聚合物链间氢键形成示意图

4.1.3　氢键交联含苯并三氮唑基团的聚醚砜的循环利用技术

动态的氢键在室温下通过温和的处理条件可以进行重构和解除，因此，基于氢键交联的聚合物可以实现重构和循环利用。如图 4-10（a）所示，将氢键交联的聚合物浸泡于碱溶液中，聚合物中的氢键被破坏，交联结构解除，聚合物材料机械性能降低，这能够有效解决聚合物的回收问题，减轻环境负担，而使用酸溶液浸泡聚合物后，可完全恢复聚合物的机械性能。氢键可逆的重构和解除使质子化的含苯并三氮唑基团的聚醚砜实现回收再利用，其过程如下[图 4-10（b）～图 4-10（e）]：①在酸性溶液中，通过浇注法制备质子化的含苯并三氮唑基团的聚醚砜膜；②在碱溶液中，氢键被破坏，聚合物溶解在 NMP 中；③将溶解于 NMP 的聚合物倒入水中，获得含苯并三氮唑基团的聚醚砜粉末。如图 4-10（h）所示，经过多次回收处理，聚合物膜仍然具有与原始样品几乎相同的应力-应变行为。质子化的含苯并三氮唑基团的聚醚砜膜浸泡于碱溶液后，拉伸强度明显下降。苯并三氮唑的质子化/去质子化能力可以可逆地改变其断裂应力。

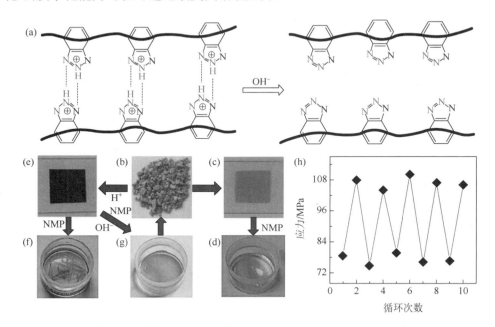

图 4-10　质子化含苯并三氮唑基团的聚醚砜薄膜的循环利用

（a）质子化的含苯并三氮唑基团的聚醚砜在碱溶液中的去质子化机制示意图；（b）含苯并三氮唑基团的聚醚砜粉末；（c）含苯并三氮唑基团的聚醚砜膜；（d）含苯并三氮唑基团的聚醚砜膜的 NMP 溶液；（e）质子化的含苯并三氮唑基团的聚醚砜膜；（f）质子化含苯并三氮唑基团的聚醚砜膜的溶胀；（g）碱处理后的质子化含苯并三氮唑基团的聚醚砜溶液；（h）聚合物的应力-循环次数曲线

4.2　氢键驱动高性能聚亚胺醚酮构筑技术

4.2.1　聚亚胺醚酮的构筑

1. 聚亚胺醚酮的合成

在钯催化体系〔三(二亚苄基丙酮)二钯〔Pd$_2$(dba)$_3$〕和 2, 2′-双(二苯基膦基)-1, 1′-联萘(BINAP)〕存在条件下，通过二溴芳香酮与苯胺间的缩聚反应，合成模型化合物，其结构式如图 4-11（a）所示。在钯催化体系〔Pd$_2$(dba)$_3$ 和 BINAP〕存在条件下，通过不同结构的二溴芳香酮与含醚键的芳香二胺间的缩聚反应，合成两种聚亚胺醚酮（A-PEKs），其结构式如图 4-11（b）所示。

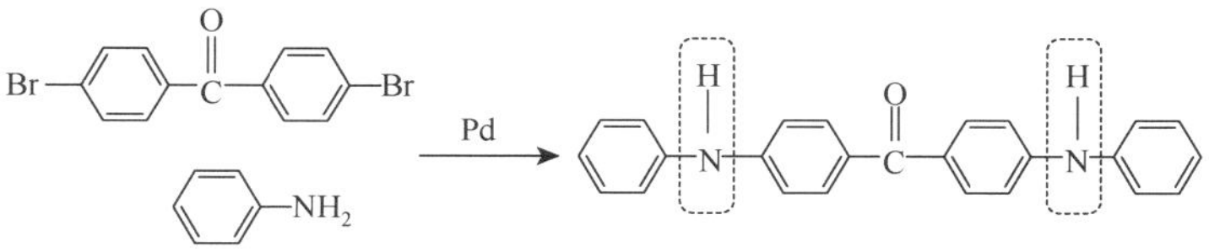

(a) 模型化合物

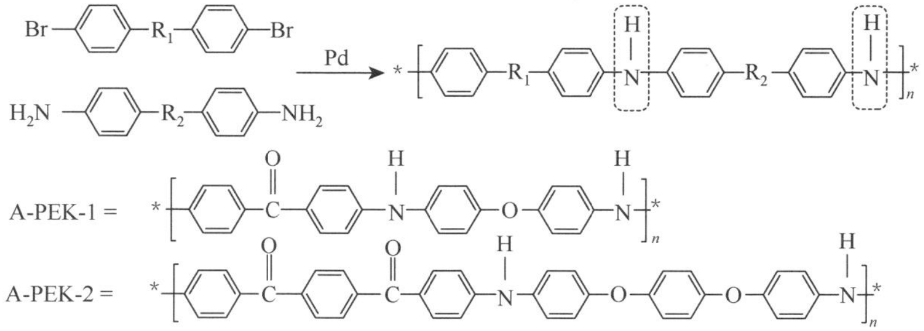

(b) A-PEKs的制备示意图

图 4-11　模型化合物和 A-PEKs 的制备示意图

2. 聚亚胺醚酮的表征

用 ^{1}H NMR 对合成的聚合物进行表征。图 4-12 为 A-PEK-2 的 ^{1}H NMR 图。从图中可以看出，化学位移为 8.88ppm 时出现了一个单峰，为—NH—的特征峰，化学位移为 6.8～7.8ppm 的多重峰为邻醚键和亚氨基团苯环上氢的特征吸收峰，说明 A-PEK-2 被成功制备。

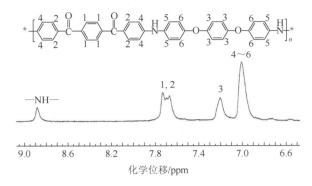

图 4-12　A-PEK-2 的 ^{1}H NMR 图

4.2.2　氢键的证明

　　用分子动力学模拟计算 A-PEK-1 和 A-PEK-2 聚合物链间氢键之间的径向分布函数，如图 4-13 所示。A-PEK-1 和 A-PEK-2 的—NH—基团与 ⟩C═O 基团的距离分别为 2.46Å 和 2.62Å，表明这两个基团之间存在很强的氢键。图 4-14 展示了 A-PEK-1 聚合物链间的氢键。

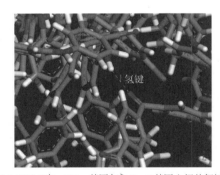

(a) A-PEK-1中—NH—基团与⟩C═O基团之间的氢键　　(b) A-PEK-2中—NH—基团与⟩C═O基团之间的氢键

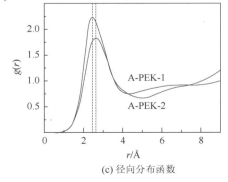

(c) 径向分布函数

图 4-13　A-PEK-1 和 A-PEK-2 中氢键的理论模拟

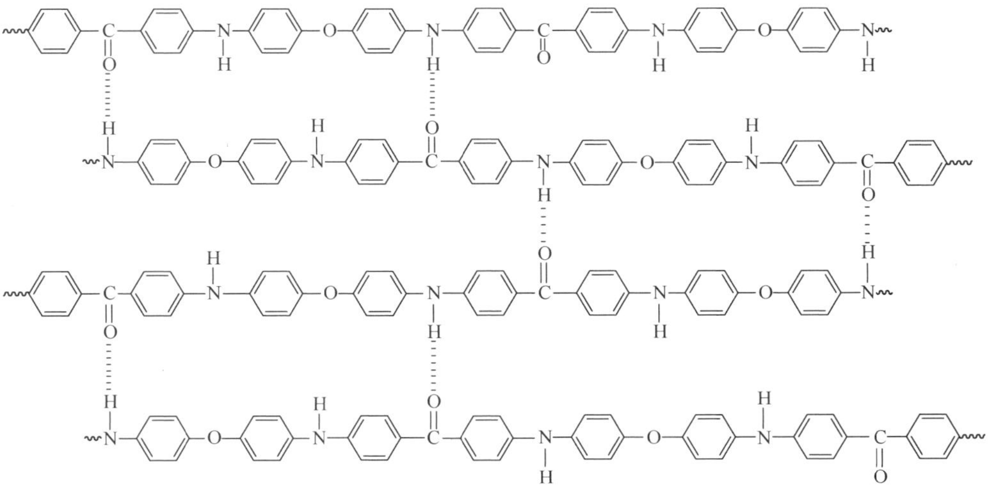

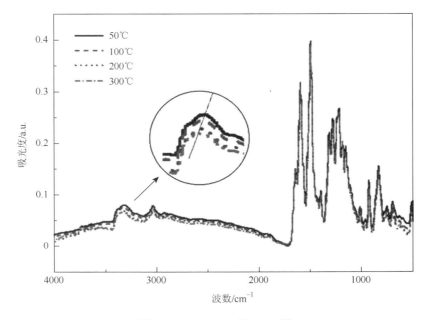

图 4-14　A-PEK-1 中氢键的示意图

FTIR 分析是验证聚合物分子间氢键最为有效的方法之一。图 4-15 为不同温度下 A-PEK-2 的 FTIR 图。从图中可以看出，胺基的特征吸收峰出现在 3321～3360cm^{-1} 处，由于氢键，谱带的吸收频率显著降低，且随着温度的升高，氢键减弱，表明邻近分子之间存在 N—H···O=C 氢键。

图 4-15　A-PEK-2 的 FTIR 图

4.2.3　聚亚胺醚酮的性能研究

1. 热稳定性能

通过 TG 和 DSC 评价 A-PEKs 的热稳定性能。图 4-16（a）为聚合物的 TG 图。从图中可以看出，聚合物在温度高达 400℃时仍具有热稳定性，对于 A-PEK-2，5%的质量损失发生在 500℃左右，两种聚合物在 800℃下的残碳率均高于 52%。与 A-PEK-1 相比，A-PEK-2 显示出更高的残炭率（63%）。图 4-16（b）为聚合物的 DSC 图。两种聚合物的玻璃化转变温度均高于 175℃。综上所述，合成的聚合物表现出高热稳定性、高残碳率和高玻璃化转变温度。

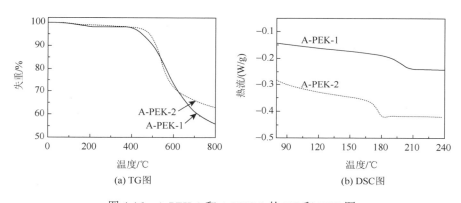

图 4-16　A-PEK-1 和 A-PEK-2 的 TG 和 DSC 图

2. 透光性和力学性能

A-PEKs 易溶于大多数常见的溶剂，如 DMAc、DMSO、NMP、DMF 和 CHCl$_3$。以 DMF 为溶剂，采用溶液浇注法制备 A-PEK-1 和 A-PEK-2 薄膜。通过 UV-vis 评价 A-PEK-1 和 A-PEK-2 薄膜的透光性，A-PEK-1 和 A-PEK-2 薄膜都表现出良好的透光性，在 450nm 处的透光率大于 75%[图 4-17（a）]。对合成的聚合物薄膜样品进行力学性能测试。图 4-17（b）为 A-PEK-1 和 A-PEK-2 的应力-应变曲线图。从图中可以看出，A-PEK-1 和 A-PEK-2 具有良好的力学性能，拉伸强度为 89MPa，断裂伸长率为 19%。

3. 紫外吸收性能和荧光性能

图 4-18（a）为模型化合物、PEEK、A-PEK-1 和 A-PEK-2 在 DMF 中的 UV-vis 图。与 PEEK 和 A-PEK-2 相比，模型化合物和 A-PEK-1 的最大吸收峰红移，

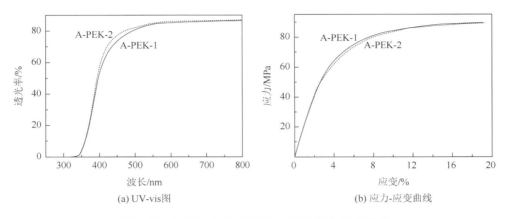

(a) UV-vis图   (b) 应力-应变曲线

图 4-17　A-PEKs 薄膜的 UV-vis 图和应力-应变曲线

A-PEK-2 中两个相对灵活的醚键重复单元限制了共轭苯单元的旋转。图 4-18（b）
为模型化合物、PEEK、A-PEK-1 和 A-PEK-2 在 DMF 中的荧光光谱图。与 A-PEK-1
（476nm）相比，A-PEK-2 在 493nm 处的最大发射峰发生红移，且强度显著增加。
图 4-18（c）为模型化合物、PEEK、A-PEK-1 和 A-PEK-2 在 DMF 中的荧光照片。
模型化合物、A-PEK-1 和 A-PEK-2 中存在胺基，它们在 DMF 中表现出明显的发光
性能，这是由光诱导的分子内电荷转移（ICT）引起（彩图见附图 2）。

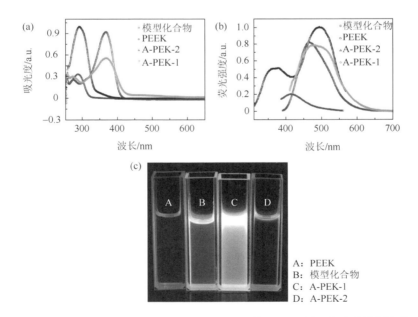

A：PEEK
B：模型化合物
C：A-PEK-1
D：A-PEK-2

图 4-18　模型化合物、PEEK、A-PEK-1 和 A-PEK-2 的 UV-vis 图、荧光光谱图和荧光照片

（a）UV-vis 图；（b）荧光光谱图；（c）荧光照片

4.3 氢键驱动高性能磺化聚亚胺醚醚酮构筑技术

4.3.1 磺化聚亚胺醚醚酮的构筑

1. 3, 3′-二羟基二苯胺单体的合成

在钯催化体系[Pd₂(dba)₃ 和 BINAP]存在条件下，通过钯催化的 C—N 偶联反应，3-溴苯甲醚与间茴香胺缩聚合成 4, 4′-二甲氧基二苯胺，再使用 BBr₃ 作为脱保护剂，得到 3, 3′-二羟基二苯胺，产率为 86%（图 4-19）。

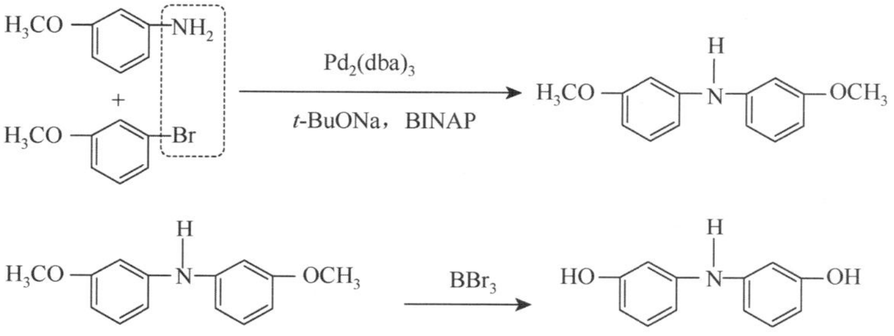

图 4-19 3, 3′-二羟基二苯胺的合成路线

2. 磺化聚亚胺醚醚酮的合成

将 3, 3′-二羟基二苯胺与 5, 5′-羰基双(2-氟苯磺酸钠)（SDF）和 4, 4′-二氟二苯甲酮（DF）共聚，制备磺化聚亚胺醚醚酮（SPIEEKs）（图 4-20）。在 K₂CO₃ 存在条件下，通过一步法合成一系列磺化共聚物。共聚物的磺化度很容易通过 SDF 与 DF 的单体比例进行控制，聚合物可以表示为 SPIEEK-x，其中 x 表示进料中 SDF 的摩尔分数。

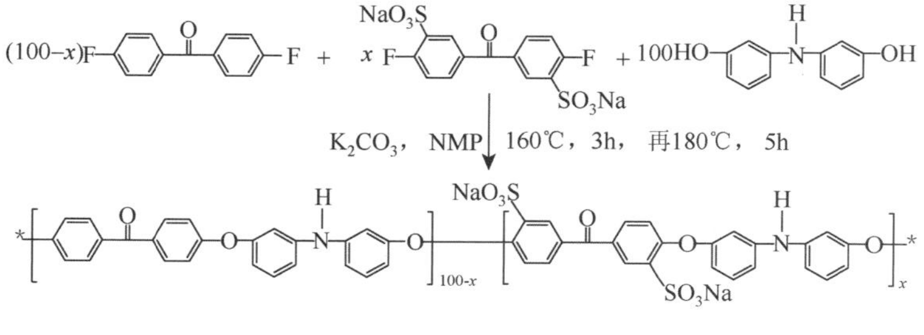

图 4-20 SPIEEKs 的合成路线

3. SPIEEKs 的表征

通过凝胶渗透色谱法（GPC）测量共聚物的分子量，M_n 和 M_w 的值显示在表 4-2 中，M_n 值为 102000～148000 g/mol，M_w 值为 218000～308000 g/mol。

表 4-2　SPIEEKs 的产率和分子量

样品	M_n/（g/mol）	M_w/（g/mol）	M_w/M_n	产率/%
SPIEEK-20	102000	218000	2.14	96
SPIEEK-40	121000	260000	2.15	93
SPIEEK-60	148000	308000	2.08	94
SPIEEK-80	132000	298000	2.26	90
SPIEEK-100	129000	263000	2.04	92

聚合物的结构通过 FTIR 和 ^{1}H NMR 进行表征，如图 4-21 和图 4-22 所示。从 FTIR 图中可以看出，1083.52cm^{-1} 和 1027.90cm^{-1} 附近的谱带是由磺酸基团的不对称和对称 O=S=O 伸缩振动引起，该峰的强度随着磺化单体比例的增加而增加。从 ^{1}H NMR 图中可以看出，PIEEK 和 SPIEEK-60 的 ^{1}H NMR 谱中存在 6.5～8.8ppm 的芳香质子峰。上述结果证明 SPIEEKs 聚合物被成功制备。

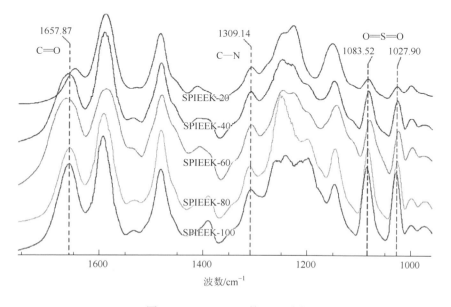

图 4-21　SPIEEK-x 的 FTIR 图

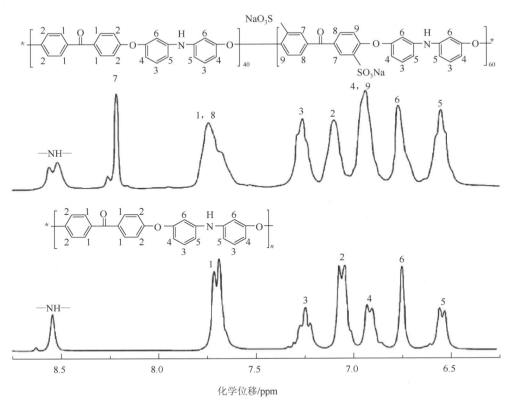

图 4-22　PIEEK 和 SPIEEK-x 的 ^{1}H NMR 图

4.3.2　氢键的证明

$\diagup$C=O 和—NH—基团、—SO$_3$H 和—NH—基团之间的相互作用可以通过 RDF 进行研究。如图 4-23 所示，—NH—基团的 H 和 $\diagup$C=O 基团的 O、—NH —基团的 H 和 O=S=O 基团的 O、—NH—基团的 H 和—OH 基团的 O 之间的距离为 2.10～2.19Å，表明这些基团之间有很强的氢键。图 4-24 展示了聚合物链之间的氢键。

4.3.3　磺化聚亚胺醚醚酮的性能研究

1. 机械性能

对 SPIEEK 膜的机械性能进行表征，结果见表 4-3。SPIEEK 膜具有良好的机械性能（拉伸强度为 82.3～96.1MPa，杨氏模量为 0.42～0.59GPa），这归因于聚合物中的氢键。此外，断裂伸长率高达 64.1%～78.5%，原因在于聚合物链中存在柔性醚键。

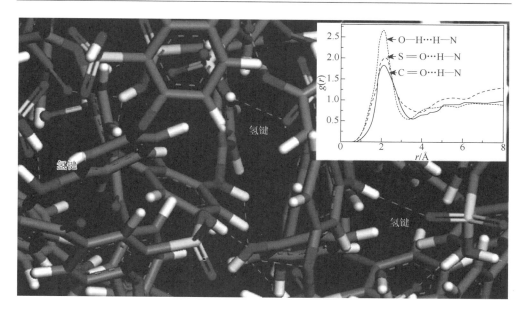

图 4-23 SPIEEK 中的氢键

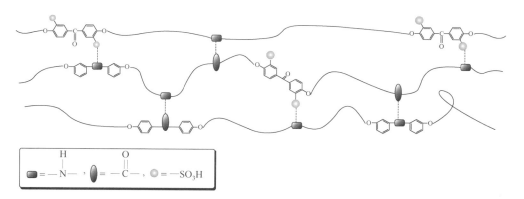

图 4-24 SPIEEK 聚合物链之间氢键的示意图

表 4-3 **SPIEEK-x 的机械性能**

样品	拉伸强度/MPa	杨氏模量/GPa	断裂伸长率/%
SPIEEK-20	82.3	0.42	76.2
SPIEEK-40	84.5	0.48	78.5
SPIEEK-60	87.6	0.59	72.8
SPIEEK-80	96.1	0.53	66.9
SPIEEK-100	93.4	0.57	64.1

2. 热稳定性能

聚合物的热稳定性对于材料的长期使用至关重要。利用 TG 研究 SPIEEK 的热稳定性，如图 4-25 所示。SPIEEK 呈现典型的三步降解模式。初始质量损失出现在 50℃，当温度上升到 283～326℃时，磺酸基团开始从聚合物链上脱落。出现第三个质量损失是由于聚合物链分解。

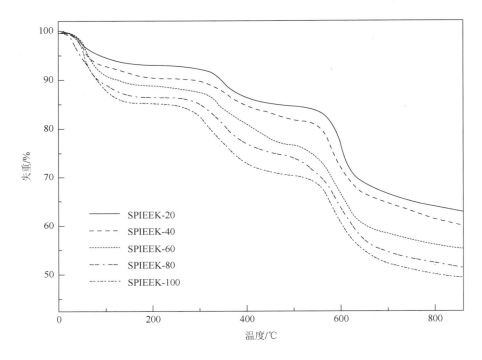

图 4-25　SPIEEK-x 膜的 TG 图

参 考 文 献

[1]　Chang G J，Wang C，Song L X，et al. An encouraging recyclable synergistic hydrogen bond crosslinked high-performance polymer with visual detection of tensile strength. Polymer Testing，2018，71：167-172.

[2]　Chang G J，Yang L，Yang J X，et al. Design and preparation of high-performance amine-based poly(ether ketone)s with strong photonic luminescence. Journal of Materials Science，2014，49（20）：7213-7220.

[3]　Chang G J，Shang Z F，Yang L. Hydrogen bond cross-linked sulfonated poly（imino ether ether ketone）（PIEEK）for fuel cell membranes. Journal of Power Sources，2015，282：401-408.

[4]　Chang G J，Yang L，Yang J X，et al. Facile synthesis of soluble aromatic poly(amide amine)s via C—N coupling reaction：characterization，thermal，and optical properties. Journal of Polymer Science Part A-Polymer Chemistry，

2013，51（22）：4845-4852.

[5]　Chang G J，Yang L，Shi X P，et al. Intermolecular hydrogen bonding of polyiminosulfone. Polymer Science Series A，2015，57（2）：251-255.

[6]　Wang L，Chang G J，Yang L，et al. Poly（imino imino ether ether ketone ketone）as novel soluble heat-resistant polymer. Polymer Science Series B，2014，56（5）：639-644.

第5章 阳离子-π 相互作用驱动可循环利用高性能聚合物制备技术

聚合物中引入"点-点"金属-配体相互作用和氢键,有利于提高聚合物的力学性能。与"点-点"非共价相互作用相比,"点-面"非共价相互作用由于具有相对较大的结合面积[1],在外界条件刺激下更容易形成和消除,有利于提高刚性聚合物材料的抗拉强度和延展性。近年来,"点-面"阳离子-π 相互作用在生物学、有机合成和主客体结构设计等领域发挥着举足轻重的作用,在聚合物增强增韧方面具有巨大的应用潜力。通过阳离子-π 相互作用构筑高性能聚合物的方式有以下四种:①线性聚合物的主链同时引入吲哚基团和金属阳离子;②线性聚合物的主链引入金属阳离子,侧链引入吲哚基团;③线性聚合物的侧链引入吲哚基团,金属离子通过外加的方式引入;④三维网络聚合物中引入吲哚基团,降低交联密度,金属离子通过外加的方式引入。这四种方式都可以通过阳离子-π 相互作用交联形成高性能聚合物[2-6]。动态的阳离子-π 相互作用在室温下通过温和的处理条件可以重构和解除,因此,基于阳离子-π 相互作用交联的聚合物可以实现重构和循环利用。将基于阳离子-π 相互作用交联的聚合物浸泡在酸溶液中时,聚合物中的金属阳离子被质子取代或者形成络合物,即聚合物中的阳离子-π 相互作用消失,交联结构消除,进而引起聚合物材料机械性能降低,这能够有效解决聚合物的回收问题,减轻环境负担,而使用碱溶液或金属离子溶液浸泡经过酸溶液处理后的聚合物,即可完全恢复聚合物的机械性能。

5.1 阳离子-π 相互作用驱动主链含吲哚磺化聚芳基吲哚酮的构筑技术

本节使用阳离子与吲哚之间的"点-面"阳离子-π 相互作用设计和构筑超分子热固性材料。在基于阳离子-π 相互作用交联的热固性材料中,金属阳离子作为热固性材料中的重要构件,可以通过巧妙设计单体获得。通过这种方法,聚合物链不需要为了交联而移动。因此,基于阳离子-π 相互作用交联的方法可用于制备能表现出动态行为的聚合物材料。

5.1.1　主链含吲哚的磺化聚芳基吲哚酮的构筑

1. 磺化单体的合成

通过发烟硫酸与 4, 4′-二氟二苯甲酮的磺化反应制备二磺酸二氟二苯甲酮，再利用金属阳离子与二磺酸二氟二苯甲酮水溶液进行反应，沉淀得到磺化单体。在磺化单体中，金属盐的金属阳离子能够与二磺酸二氟二苯甲酮中的磺酸基团结合。金属阳离子可以通过金属氢氧化物、金属盐等提供。合成磺化二氟二苯甲酮单体的技术路线如图 5-1 所示。Na^+ 可替换为其他金属离子，如 K^+。

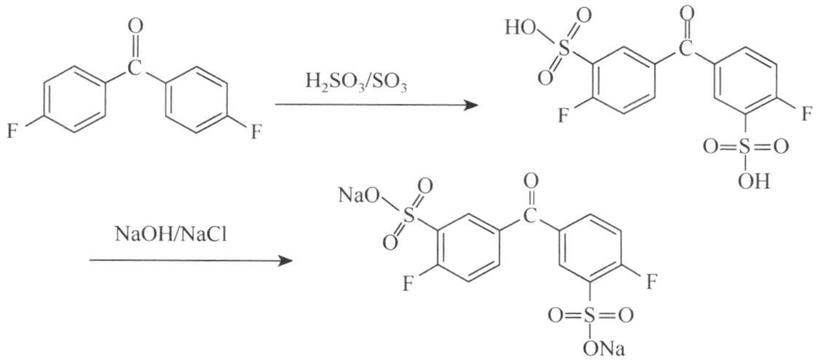

图 5-1　磺化二氟二苯甲酮的合成路线

磺化反应属于芳香亲电取代反应，磺酸基连接的位置受到取代基定位效应等影响。由于二氟二苯甲酮中氟取代基为邻对位定位基，因此磺化发生在氟取代基的邻位。利用 ^1H NMR 对磺化二氟二苯甲酮的结构进行表征。图 5-2 为磺化二氟二苯甲酮的 ^1H NMR 图，所合成的化合物在各化学环境下的 H 与化学位移对应良好，验证了磺化二氟二苯甲酮单体的结构。

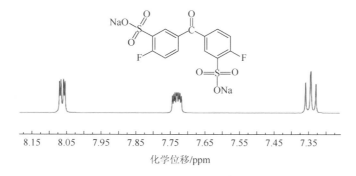

图 5-2　磺化二氟二苯甲酮的 ^1H NMR 图

2. 主链含吲哚的磺化聚芳基吲哚酮的合成技术

采用直接聚合的方法，利用 4-羟基吲哚中—NH—与—OH 反应活性相似的特点，在无催化剂条件下进行亲核取代反应，缩聚合成主链含吲哚的磺化聚芳基吲哚酮（SPAIKs）。具体如下：在惰性气体保护下，将磺化二氟二苯甲酮、羟基吲哚和二氟二苯甲酮在有机溶剂中混合，然后加热并持续搅拌，最终得到产物。通过调整磺化二氟二苯甲酮单体的含量可制备不同磺化度的聚合物。主链含吲哚的磺化聚芳基吲哚酮的合成路线如图 5-3 所示。

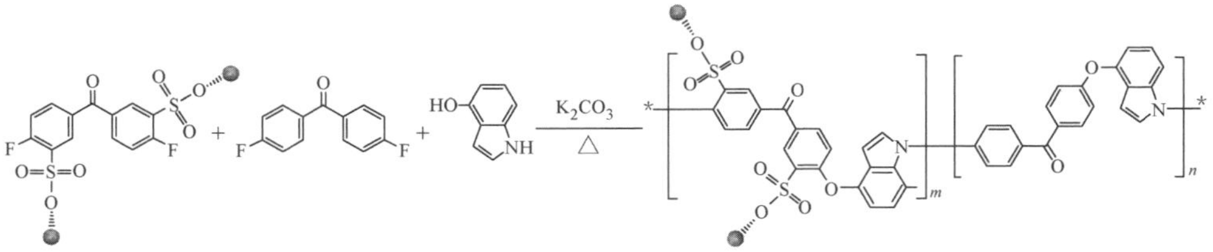

图 5-3　主链含吲哚的磺化聚芳基吲哚酮的合成路线

分子量是衡量聚合物性能的一个重要参数，分子量的大小决定了聚合物的成膜性能以及机械强度等基本性能，对聚合物薄膜的性能至关重要。从表 5-1 可以看出，高分子量 SPAIKs 被成功制备。

表 5-1　SPAIKs 的分子量和产率

样品	M_n/（kg/mol）	M_w/（kg/mol）	M_w/M_n	产率/%
PAIK	125.6	296.5	2.4	93
磺化度为 10%的 SPAIKs	110.8	293.4	2.7	95
磺化度为 20%的 SPAIKs	108.0	251.8	2.3	98
磺化度为 30%的 SPAIKs	97.6	223.4	2.3	97

PAIK：聚芳基吲哚酮。

利用 FTIR 和 ^{1}H NMR 对 SPAIKs 的结构进行表征。图 5-4 为 SPAIKs 的 FTIR 和 ^{1}H NMR 图。由于磺化单体比例的调整不会造成聚合物中羰基含量的变化，所以磺化度的变化可以根据红外光谱中 O=S=O 特征峰高度与羰基特征峰高度的比值获得。随着磺化度的提高，O=S=O 特征峰高度与羰基特征峰高度的比值逐渐提高，代表磺酸基团的含量逐步提高[图 5-4（a）]。由于磺酸基团是一种强吸电子基团，聚合物中磺酸基团的引入会导致磺酸基团邻位氢质子周围的电子云密度降低，化学位移向低场移动。图 5-4（b）中虚线框内为磺酸基团邻位质子的核磁特征峰，磺酸基团使其峰形裂分。随着磺酸基团含量的升高，磺酸基团邻位质子的特征峰信号逐渐增强。

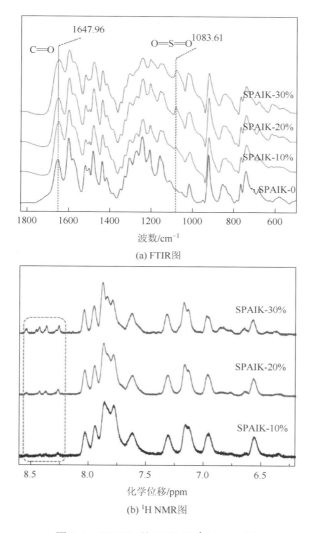

图 5-4　SPAIKs 的 FTIR 和 ¹H NMR 图

5.1.2　阳离子-π 交联主链含吲哚的磺化聚芳基吲哚酮的构筑

基于阳离子-π 相互作用交联前线性聚合物为主链含吲哚的磺化聚芳基吲哚

酮，聚合物主链中的磺酸基结合有金属阳离子，主链上的吲哚基团可以与金属阳离子发生阳离子-π相互作用，从而形成交联结构，进而得到高性能聚合物 SPAIKs。为了验证材料的机械性能，采用浇注法将聚合物浇注成膜。具体技术路线如下：将主链含吲哚的磺化聚芳基吲哚酮溶于有机溶剂中，混合均匀后浇注在载玻片上，得到聚合物膜。在室温下，利用浇注法制备的 SPAIKs 薄膜是半透明、非黏性的固体。

1. 阳离子-π 相互作用的证明

在原子和电子水平上研究阳离子-π相互作用是理解阳离子-π相互作用本质的关键，但原子和电子水平上的实验研究有时难以进行，且不能全面地解释聚合物链之间阳离子-π相互作用的机理和过程等。为验证是否获得了基于阳离子-π相互作用交联的聚合物，需要对阳离子-π相互作用进行密度泛函理论分析和分子动力学模拟，研究金属阳离子与吲哚基团之间的阳离子-π相互作用。同时用实验进行佐证，达到"理论指导实验研究"与"实验研究结果验证理论"的目的。

利用分子动力学模拟分析平衡状态下磺化聚芳基吲哚酮的构象和交联，计算磺化聚芳基吲哚酮体系中 K^+ 和吲哚之间的径向分布函数。图 5-5（a）展示了磺化聚芳基吲哚酮中的两条聚合物链。显然，磺酸基是倾斜的，从而使 K^+ 能够接近另一个聚合物链上的吲哚基团。图 5-5（b）为 K^+ 和吲哚之间的径向分布函数。从图中可以看出，相关距离为 3.12Å，说明在磺化聚芳基吲哚酮中存在大量 K^+-吲哚相互作用。

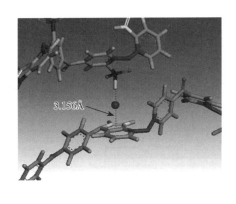
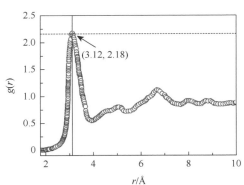

(a) 在平衡状态下，模拟盒中两条相邻聚合物链的快照　　　(b) K^+ 和吲哚之间的径向分布函数

图 5-5　阳离子-π 相互作用的理论模拟

利用密度泛函理论计算阳离子与吲哚之间的络合能。图 5-6（a）展示了 K^+ 与吲哚之间的分子静电势能（ESP），优先与 K^+ 结合的是吲哚上的氮原子而不是苯

环。模拟得到 K^+ 与吲哚之间的平均络合能为 21.4kcal/mol（1cal = 4.184J）。如图 5-6（b）所示，磺酸根离子与吲哚之间的平均络合能为 7.8kcal/mol，说明阴离子-π 相互作用弱于阳离子-π 相互作用。这两种不同的非共价相互作用的络合能不同导致磺化聚芳基吲哚酮和酸化的磺化聚芳基吲哚酮之间存在性能差异。阳离子与苯之间的络合能为 6.3kcal/mol[图 5-6（c）]，远弱于 K^+ 与吲哚之间的络合能，说明 K^+ 与苯之间的相互作用在平衡态的磺化聚芳基吲哚酮中不能形成稳定的配合物，对构建基于阳离子-π 相互作用交联的磺化聚芳基吲哚酮起次要作用。

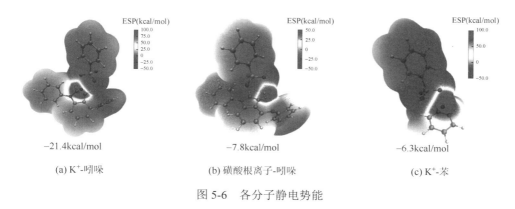

(a) K^+-吲哚　　　(b) 磺酸根离子-吲哚　　　(c) K^+-苯

图 5-6　各分子静电势能

2. 性能研究

机械性能是衡量高性能聚合物材料应用前景和使用性能的重要指标，玻璃化转变温度与热分解温度是表征聚合物热稳定性的重要参数，也是衡量材料使用性能的重要指标。对聚合物膜酸化前后的机械性能和热稳定性能进行测试。如图 5-7（a）和图 5-7（b）所示，酸处理前，聚合物膜在室温下具有非常高的断裂应力（119MPa）和杨氏模量（9GPa）。作为交联点的金属阳离子-吲哚具有较强的络合作用，有利于提高聚合物的稳定性，进而提高其机械性能。当聚合物上的金属阳离子被质子取代时，质子化的聚合物膜的断裂应力（58MPa）和杨氏模量（7.5GPa）降低。DSC 结果表明聚合物膜的玻璃化转变温度为330℃，质子化的聚合物膜的玻璃化转变温度下降，约为 251℃[图 5-7（c）]。值得注意的是，由于该聚合物中的交联点为金属阳离子-吲哚，而不同的金属离子的电子结构和原子半径存在差异，因此，金属阳离子的类型会影响聚合物膜的机械性能。如图 5-7（d）所示，金属阳离子为 K^+、Na^+ 或 Li^+ 的聚合物膜相对于金属阳离子为 Rb^+ 或 Cs^+ 的聚合物膜有更好的力学性能。这是由于在合成聚合物过程中，原子核半径较大的碱金属阳离子在溶液中扩散并取代磺酸基上的质子时，会受到很大程度的阻碍，导致阳离子-π 相互作用的交联位点数量减少，进而导致断裂应力显著降低。

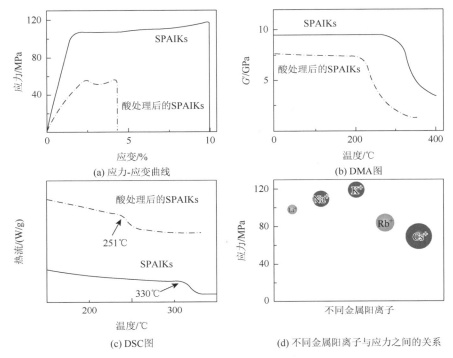

图 5-7　酸处理前后聚合物膜的应力-应变曲线、DMA 图、DSC 图和不同金属阳离子
对聚合物强度的影响

　　不溶于溶剂是热固性材料的关键特性之一。从表 5-2 中可以看出，酸化处理后的聚合物膜能溶于许多有机溶剂，而交联后的磺化聚芳基吲哚酮不溶于常见的有机溶剂（DMAc、DMSO、DMF、NMP、THF、CHCl$_3$）。这是由于磺化聚芳基吲哚酮链中存在阳离子-π 相互作用，自由状态的线性分子链交联形成网络结构，溶剂分子无法溶解交联聚合物薄膜。因此，基于阳离子-π 相互作用交联后，聚合物材料的耐溶剂性能得到了提高。

表 5-2　交联前后聚合物在不同溶剂中的溶解度

样品	DMAc	DMSO	DMF	NMP	THF	CHCl$_3$
PAIK	++	++	++	++	−−	−−
SPAIKs-10%	−−	−−	−−	−−	−−	−−
SPAIKs-20%	−−	−−	−−	−−	−−	−−
SPAIKs-30%	−−	−−	−−	−−	−−	−−
酸处理后的 SPAIKs-10%	++	++	++	++	−−	+−
酸处理后的 SPAIKs-20%	++	++	++	++	−−	−−
酸处理后的 SPAIKs-30%	++	++	++	++	−−	−−

　　++：聚合物能被完全溶解；　+−：聚合物仅能被溶胀；　−−：聚合物不能被溶解。

将聚合物膜在酸溶液和碱溶液中进行多次处理，并测量聚合物膜的力学性能。聚合物膜在 pH = 2 的酸溶液和 pH = 12 的碱溶液中经反复交替浸泡后，其断裂应力的变化如图 5-8 所示。从图中可以看出，在 pH = 2 的酸溶液中浸泡后，聚合物膜的断裂应力约为 58MPa；在 pH = 12 的碱溶液中浸泡后，聚合物膜的断裂应力约为 119MPa。经过多次酸碱浸泡处理，聚合物膜的断裂应力几乎不变。由此可见，酸性和碱性溶液可以可逆地改变聚合物膜的力学性能，也进一步证明聚合物膜中的交联点 K^+-吲哚可实现可逆重构和解除。

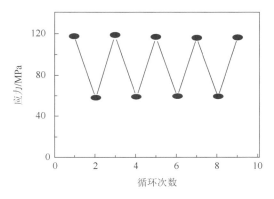

图 5-8　聚合物膜的应力-循环次数曲线

聚合物链间阳离子-π 相互作用的可逆重构和解除可通过如下途径证明：①酸处理前后聚合物膜宏观性质的改变；②酸处理前后聚合物膜的 SEM 图；③酸处理前后聚合物膜的 EDS 图；④酸处理前后聚合物膜的 FTIR 图。如图 5-9（彩图见附图 3）所示，酸处理前聚合物膜颜色较浅，且在紫外光照射下无荧光。将聚合物膜浸泡在 pH = 2 的酸性溶液中，聚合物膜颜色加深，且在紫外光照射下可观察到蓝

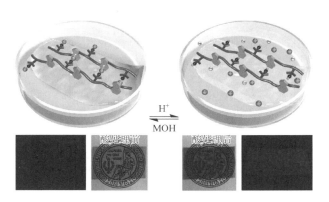

图 5-9　酸处理前后聚合物膜在自然光和 365nm 紫外光照射下的照片

色荧光。从扫描电镜图[图 5-10（a），图 5-10（b）]中可以看出，酸处理前聚合物膜具有韧性结构，酸处理后聚合物膜具有脆性结构。从图 5-10（c）和图 5-10（d）中可以看出，酸处理前，能量为 3.4keV 和 0keV 的峰对应于钾元素；酸处理后，未出现钾元素相应的峰。其原因是酸处理后，磺酸基上的钾离子发生解离。如图 5-11 所示，用 FTIR 表征酸处理前后聚合物薄膜的结构，发现 1083cm^{-1} 处的 S═O 伸缩峰与 613cm^{-1} 处的 C═S 伸缩峰的比值从 3.3 减小到 2.7，说明当附近存在金属阳离子时，磺酸基消光系数会发生变化。上述结果验证了聚合物链间阳离子-π 相互作用的可逆重构和解除。

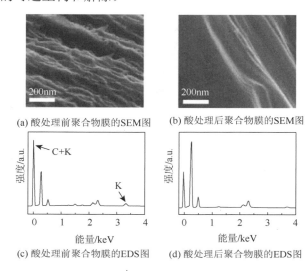

(a) 酸处理前聚合物膜的SEM图   (b) 酸处理后聚合物膜的SEM图

(c) 酸处理前聚合物膜的EDS图   (d) 酸处理后聚合物膜的EDS图

图 5-10　酸处理前后聚合物膜的 SEM 和 EDS 图

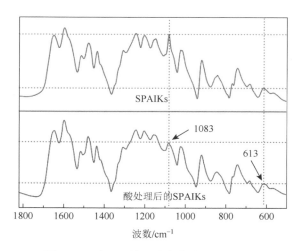

图 5-11　酸处理前后聚合物膜的 FTIR 图

通过局部修复，能够延长材料的使用寿命。用刀片划聚合物膜，形成一个厚度为 1mm 的切口[图 5-12（a）和图 5-12（b）]，用酸溶液浸泡聚合物膜的破损部位，并在破损部位滴加有机溶剂，有机溶剂蒸发后，破损部位愈合；将聚合物膜破损部位置于碱溶液中，得到修复后的聚合物膜[图 5-12（c），图 5-12（d）]。利用 AFM 探测聚合物膜修复前后破损区域的表面，发现修复后的表面与其他区域相同，表面粗糙度在 1nm 数量级以上。测试破损前、破损和完全愈合的聚合物膜的机械性能。如图 5-12（e）所示，破损聚合物膜的断裂应力约为 80MPa，而破损前和完全愈合的应力-应变曲线基本重叠，表明愈合率接近 100%。聚合物膜的愈合行为与基于其他类型的非共价相互作用构筑的超分子聚合物类似。

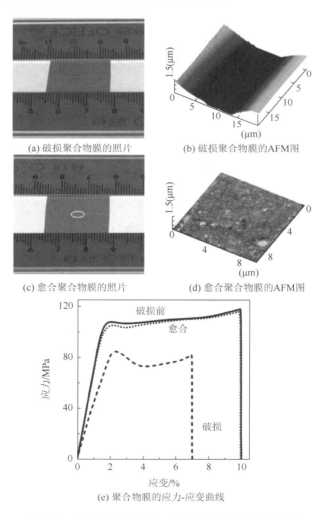

(a) 破损聚合物膜的照片　　(b) 破损聚合物膜的AFM图

(c) 愈合聚合物膜的照片　　(d) 愈合聚合物膜的AFM图

(e) 聚合物膜的应力-应变曲线

图 5-12　聚合物膜的照片、AFM 图及应力-应变曲线

交联可以使两个固体物件发生黏附。将两张酸化的聚合物膜轻轻按压 10min，黏附面积约为 $0.8cm^2$[图 5-13（a）和图 5-13（b）]，接着用一小滴有机溶剂对接触区域进行预处理，再将样品在 pH = 12 的碱溶液中浸泡[图 5-13（c）]，以建立界面处的阳离子-π 相互作用，这个过程类似于软物质里面的主-客体识别。黏附的样品可以将 1kg 的砝码悬挂一段时间[图 5-13（d）和图 5-13（e）]。如图 5-13（f）所示，黏附区域的断裂应力为 37MPa。虽然这个值仅为聚合物膜断裂应力值的 30%，但值得注意的是，对于 $0.8cm^2$ 的黏附区域，该断裂应力值却与许多商品化塑料的断裂应力值相当。

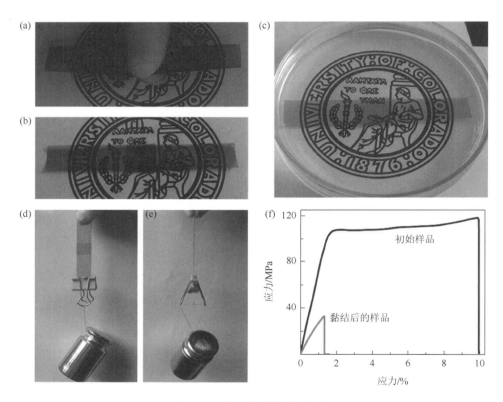

图 5-13　聚合物膜的黏附行为

（a）、（b）通过轻轻按压使两个样条接触并用一小滴有机溶剂对接触区域进行预处理的照片；（c）将样条浸泡在碱性溶液中的照片；（d）、（e）黏附的聚合物膜悬挂 1kg 砝码的照片；（f）初始聚合物和黏附后聚合物膜的应力-应变曲线

5.1.3　阳离子-π 交联主链含吲哚的磺化聚芳基吲哚酮的循环利用技术

阳离子-π 相互作用的可逆重构和解除使主链含吲哚的磺化聚芳基吲哚酮实现

回收再利用，图 5-14（a）为聚合物的回收过程：①将聚合物浸泡在 pH = 2 的溶液中；②将酸处理后的聚合物溶解在 DMSO 中；③使用浇注法将聚合物浇注成膜。经过两次循环后，样品的力学性能几乎和原样相同[图 5-14（b）]。

(a) 聚合物的回收实验照片

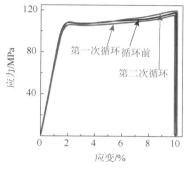

(b) 不同循环次数后聚合物的应力-应变曲线图

图 5-14　聚合物回收实验照片及应力-应变曲线图

5.2　阳离子-π 相互作用驱动侧链含吲哚的磺化聚芳基吲哚酮构筑技术

5.2.1　侧链含吲哚的磺化聚芳基吲哚酮的构筑

1. 吲哚基二氟化合物的合成技术

通过吲哚环 N 原子上的亲核取代反应设计合成吲哚基二氟化合物单体，技术路线如图 5-15 所示。

图 5-15　吲哚基二氟化合物的合成路线

利用 ^{1}H NMR、^{13}C NMR 和 FTIR 对吲哚基二氟化合物的结构进行表征。图 5-16 和图 5-17 分别为吲哚基二氟化合物的 ^{1}H NMR 与 ^{13}C NMR 和 FTIR 图。核磁和红外谱图均验证了吲哚基二氟化合物单体的结构。

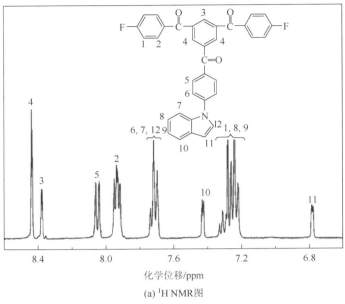

(a) ^{1}H NMR图

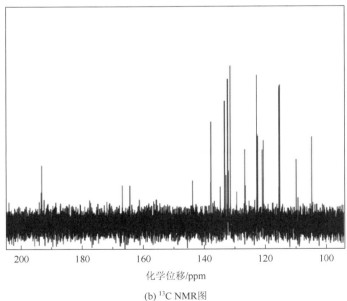

(b) ^{13}C NMR图

图 5-16 吲哚基二氟单体的 ^{1}H NMR 和 ^{13}C NMR 图

2. 侧链含吲哚的磺化聚芳基吲哚酮的合成技术

采用直接聚合的方法，在无催化剂的条件下进行亲核取代反应，缩聚合成侧链含吲哚的磺化聚芳基吲哚酮。具体如下：在惰性气体保护下，将磺化二氟二苯

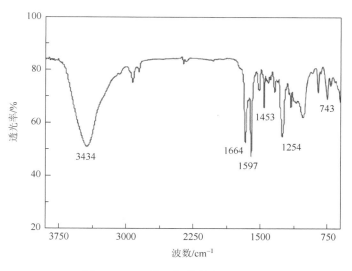

图 5-17　吲哚基二氟单体的 FTIR 图

甲酮、二羟基二苯胺和吲哚基二氟化合物在有机溶剂中混合，然后加热并持续搅拌，最终得到产物。以 Na⁺ 作为阳离子，合成侧链含吲哚的磺化聚芳基吲哚酮的路线如图 5-18 所示。当然，也可以用 K⁺ 作为阳离子，仅需要将图 5-18 中的 Na⁺ 换成 K⁺ 即可。

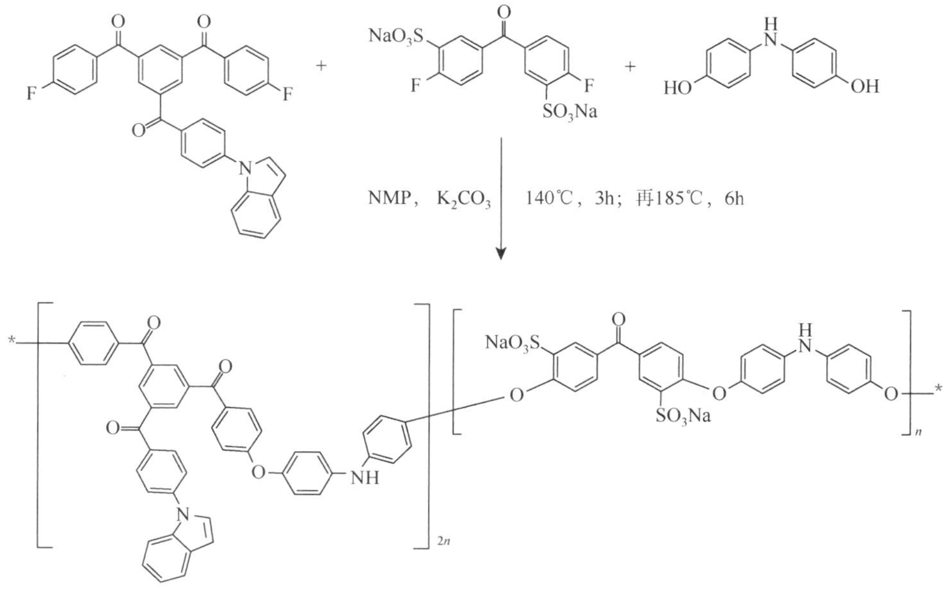

图 5-18　侧链含吲哚的磺化聚芳基吲哚酮的合成路线

利用 ¹H NMR 和 FTIR 对侧链含吲哚的磺化聚芳基吲哚酮的结构进行表征。图 5-19 为侧链含吲哚的磺化聚芳基吲哚酮的 ¹H NMR 和 FTIR 图。核磁和红外谱图均验证了侧链含吲哚的磺化聚芳基吲哚酮的结构。

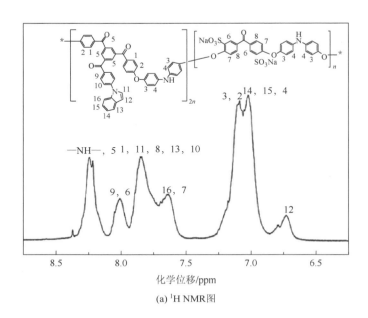

(a) ¹H NMR图

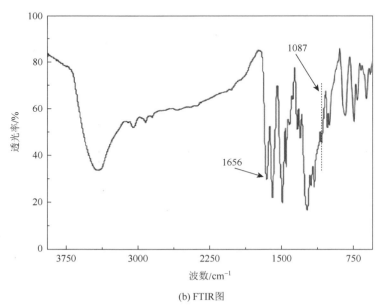

(b) FTIR图

图 5-19　侧链含吲哚的磺化聚芳基吲哚酮的 ¹H NMR 和 FTIR 图

5.2.2　阳离子-π 交联侧链含吲哚的磺化聚芳基吲哚酮的构筑

聚合物主链中的磺酸基结合有金属阳离子，且侧链包含吲哚基团，聚合物链之间以金属阳离子与吲哚基团相互作用获得高性能聚合物的交联结构，进而得到高性能聚合物。在室温下，利用浇注法制备的侧链含吲哚的磺化聚芳基吲哚酮薄膜（SPIN）是半透明、非黏性的固体。

1. 阳离子-π 相互作用的证明

为了更好地理解阳离子与吲哚之间的阳离子-π 相互作用机理，进行理论模拟。图 5-20 展示了 SPIN 中 K⁺和吲哚之间的径向分布函数。当 K⁺与吲哚之间的距离约为 3.1Å 时，可以观察到最大值（2.7），表明这些基团之间存在较强的阳离子-π 相互作用。图 5-20 中的内插图展示了两条相邻聚合物链间 K⁺和吲哚之间的阳离子-π 相互作用（≈3.16Å）。实验结果表明阳离子-π 相互作用有利于 SPIN 聚合物链的交联。

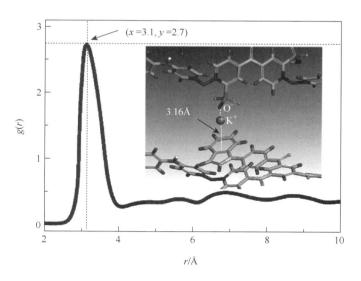

图 5-20　K⁺和吲哚之间的径向分布函数

内插图：在平衡状态下，模拟盒中两条相邻聚合物链的快照

2. 性能研究

对聚合物膜酸化前后的机械性能和热稳定性能进行测试。如图 5-21（a）和图 5-21（b）所示，酸处理前，聚合物膜在室温下具有非常高的断裂应力（120MPa）

和杨氏模量（7.4GPa）。随着 K^+-吲哚配合物被磺酸基-吲哚配合物取代，聚合物膜的力学性能和杨氏模量显著下降。DSC 结果表明聚合物膜的玻璃化转变温度为265℃[图 5-21（c）]。当聚合物膜上的金属阳离子被质子取代时，质子化的聚合物膜的玻璃化转变温度下降，约为 210℃。基于阳离子-π 相互作用交联的聚合物可以被认为是一种新型的高性能聚合物材料，它具有优异的机械/热性能，当聚合物膜在 pH = 2 的酸溶液和 pH = 12 的碱溶液中反复浸泡后，其断裂应力的变化如 图 5-21 （d）所示。经过多次酸碱浸泡处理，聚合物膜的断裂应力几乎不变。由此可见，在酸性和碱性条件下交替浸泡聚合物膜，其力学性能能够实现可逆改变，进一步说明聚合物膜中 K^+-吲哚交联点能够实现可逆重构和解除，这是实现聚合物膜回收再利用的关键。

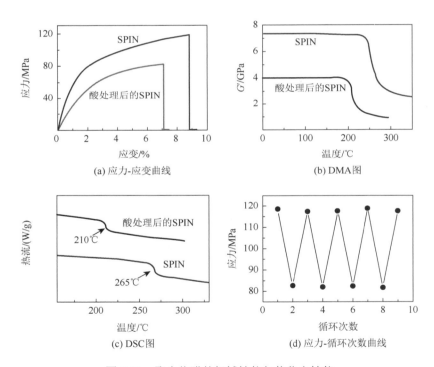

图 5-21　聚合物膜的机械性能与热稳定性能

　　不溶于溶剂是热固性材料的关键特性之一。从表 5-3 中可以看出，交联后的磺化聚芳基吲哚酮不溶于常见的有机溶剂（DMAc、DMSO、DMF、NMP、THF、$CHCl_3$）。这是由于 SPIN 聚合物链中存在阳离子-π 相互作用，自由状态的线性分子链交联成网络结构，溶剂无法溶解交联聚合物薄膜。通过阳离子-π 相互作用交联后，聚合物材料的耐溶剂性能得到明显的提高，而酸处理后的聚合物膜能溶于许多有机溶剂。

表 5-3　交联前后聚合物在不同溶剂中的溶解情况

样品	DMAc	DMSO	DMF	NMP	THF	CHCl₃
SPIN	− −	− −	− −	− −	− −	− −
酸处理后的 SPIN	＋＋	＋＋	＋＋	＋＋	− −	＋−

＋＋：聚合物能被完全溶解；　＋−：聚合物仅能被溶胀；　− −：聚合物不能被溶解。

可通过如下途径验证聚合物链间阳离子-π 相互作用的可逆重构和解除：①酸处理前后聚合物膜的 EDS 图；②酸处理前后聚合物膜的 FTIR 图。从图 5-22（a）中可以看出，酸处理前，能量为 3.3keV 的峰对应于钾元素；酸处理后，3.3keV 处的峰消失了，表明酸处理后磺酸基上的钾离子发生解离。图 5-22（b）为酸处理前后聚合物薄膜的 FTIR 图。从图中可以看出，1090cm^{-1} 处的 S＝O 伸缩峰与 608cm^{-1} 处的 C＝S 伸缩峰的比值从 3.3 减小到 2.5，说明当附近存在金属阳离子时，磺酸基消光系数会发生变化。上述结果验证了聚合物链间阳离子-π 相互作用的可逆重构和解除。

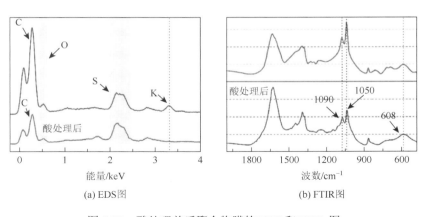

(a) EDS图　　　　　(b) FTIR图

图 5-22　酸处理前后聚合物膜的 EDS 和 FTIR 图

5.2.3　阳离子-π 交联侧链含吲哚的磺化聚芳基吲哚酮的循环利用技术

阳离子-π 相互作用的可逆重构和解除使侧链含吲哚的磺化聚芳基吲哚酮实现回收再利用，图 5-23（a）~图 5-23（e）为聚合物的回收过程：①在有金属阳离子存在时，通过溶液浇注法制备交联 SPIN 聚合物膜[图 5-23（a）~图 5-23（c）]，SPIN 聚合物膜不溶于任何溶剂[图 5-23（d）]；②将 SPIN 聚合物膜浸泡于酸溶液中，阳离子 -π 相互作用交联位点被破坏，得到酸处理后的 SPIN 聚合物，其可再溶解于 DMF 中[图 5-23（e）]；③将酸处理后的 SPIN 聚合物溶液注入水中，干燥后成功获得酸处理后的 SPIN 粉末。

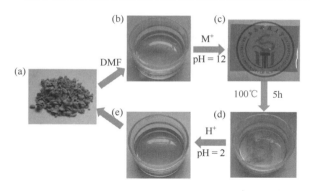

图 5-23　SPIN 聚合物回收过程

（a）酸处理后的 SPIN 聚合物粉末；（b）酸处理后的 SPIN 聚合物的 DMF 溶液；（c）SPIN 聚合物薄膜；（d）溶胀的 SPIN 聚合物薄膜；（e）酸处理后的 SPIN 聚合物薄膜的 DMF 溶液

5.3　阳离子-π 相互作用驱动高性能吲哚基聚六氢三嗪构筑技术

　　本节利用 1, 3-双(4′-氨基苯氧基)苯（POD）、4-氨基吲哚（4-In）和甲醛（CH₂O）之间的反应制备侧链含吲哚的吲哚基聚六氢三嗪类聚合物（In-PHTs），进而通过 Fe^{3+} 和吲哚之间的阳离子-π 相互作用构筑阳离子-π 交联聚六氢三嗪（Fe-In-PHT）。Fe-In-PHT 中的 Fe^{3+} 和吲哚会形成"点-面"阳离子-π 相互作用，而阳离子-π 交联和共价交联的协同效应将同时提高聚合物的拉伸强度和韧性，由此可获得高强韧聚合物材料。此外，本节还利用 PPi 对高性能聚合物中的阳离子-π 相互作用进行解除，实现了吲哚基高性能聚合物的完全回收，为新一代高性能聚合物的设计与制备提供了理论支撑。

5.3.1　吲哚基聚六氢三嗪的构筑

　　按照图 5-24 所示合成路线，将 POD、4-In 和 CH₂O 加入 NMP 中，混合溶液

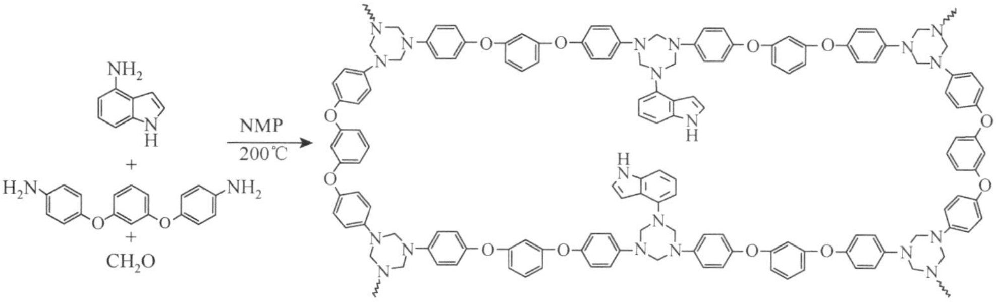

图 5-24　In-PHT 的制备

在室温下搅拌至完全溶解，过滤后浇注到干净的玻璃板上，形成缩醛胺动态共价网络，随后升温以形成交联的聚六氢三嗪薄膜。通过调节 POD 和 4-In 的比例可以改变聚合物的结构。

利用 FTIR 和 ^{13}C NMR 对不同结构的 In-PHT 薄膜进行表征。图 5-25 为 In-PHT 薄膜的 FTIR 和 ^{13}C NMR 图。从图 5-25（a）中可以看出，2918cm^{-1} 和 2817cm^{-1} 处的吸收峰分别对应—CH$_2$—的反对称和对称伸缩振动，1121cm^{-1} 和 768cm^{-1} 处的吸收峰对应 C—N 吸收峰，这些吸收峰的出现证明了三嗪环的生成。从图 5-25（b）中可以看出，150～110ppm 处的宽峰对应苯环和吲哚环上的芳香碳，75～30ppm 处的峰对应三嗪环上的亚甲基碳。因此，核磁和红外光谱图均验证了 In-PHT 薄膜的结构。

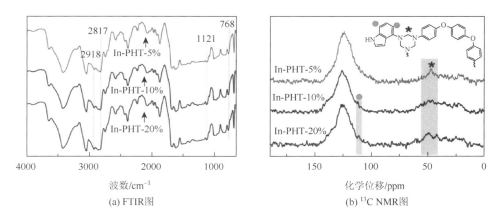

(a) FTIR图　　　　(b) ^{13}C NMR图

图 5-25　In-PHT 薄膜的 FTIR 和 ^{13}C NMR 图

5.3.2　阳离子-π 交联吲哚基聚六氢三嗪的构筑

1. 阳离子-π 交联吲哚基聚六氢三嗪薄膜的合成

按照图 5-26 所示合成路线，以 POD、4-In 和 CH$_2$O 为原料，在 Fe^{3+} 存在条件下通过简单的一锅共聚法制备一系列基于阳离子-π 相互作用交联的吲哚基聚六氢

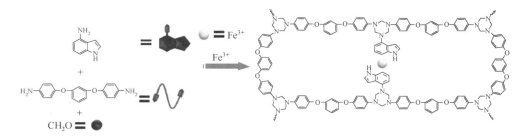

图 5-26　Fe-In-PHT 薄膜的制备

三嗪（Fe-In-PHT），随后以浇注方式制备聚合物薄膜。所制得的基于阳离子-π 相互作用交联的吲哚基聚六氢三嗪薄膜是半透明的。

2. 阳离子-π 交联吲哚基聚六氢三嗪薄膜的表征

利用 FTIR 对 Fe-In-PHT 薄膜的结构进行表征。图 5-27 为 Fe-In-PHT 薄膜的 FTIR 图。从图中可以看出，加入 Fe^{3+} 后，In-PHT 薄膜在 $1620cm^{-1}$ 和 $1503cm^{-1}$ 处的 C═C 伸缩峰、$1214cm^{-1}$ 处的 C—N 伸缩峰和 $1671cm^{-1}$ 处的 N—H 伸缩峰均明显变宽，这是因为 Fe^{3+} 和吲哚之间存在阳离子-π 相互作用。

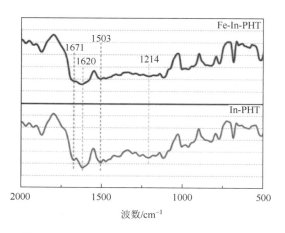

图 5-27　In-PHT 和 Fe-In-PHT 薄膜的 FTIR 图

3. 阳离子-π 相互作用的证明

为了确定 Fe^{3+} 与吲哚之间阳离子-π 相互作用的形成，首先进行理论模拟，采用量子动力学和分子动力学模拟计算 Fe^{3+} 与吲哚之间的作用距离。图 5-28（a）展示了 Fe-In-PHT 体系中 Fe^{3+} 和吲哚之间的径向分布函数，内插图为 Fe-In-PHT 中模拟聚合物链间相互作用的照片。从图中可以看出，在 3.35Å 和 4.89Å 处有两个明显的峰，这与阳离子-π 相互作用的特征长度一致，表明 Fe-In-PHT 中存在 Fe^{3+}-吲哚相互作用。通过紫外光谱进一步表征 Fe-In-PHT 体系中的阳离子-π 相互作用。图 5-28（b）展示了加入 Fe^{3+} 前后 In-PHT 的 UV-vis 光谱，以及它们的紫外差谱。从差谱中可以看出，在 218nm 处有一个负峰，在 231nm 处有一个正峰，这对负正峰与文献报道的基于阳离子-π 相互作用的化合物的负正峰相似，进一步表明 Fe-In-PHT 中的 Fe^{3+}-吲哚相互作用属于阳离子-π 相互作用。为进一步验证 Fe^{3+} 与吲哚之间存在阳离子-π 相互作用，对加入 Fe^{3+} 前后 In-PHT 的荧光进行测试。

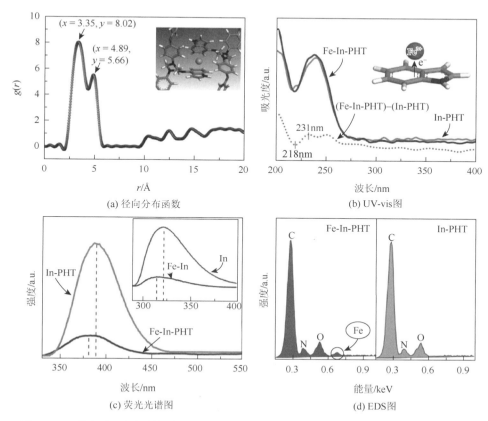

图 5-28　Fe^{3+} 和吲哚之间的径向分布函数以及 In-PHT 和 Fe-In-PHT 的荧光光谱和 EDS 图

如图 5-28（c）所示（激发波长：260nm），Fe-In-PHT 的荧光发射最强峰的位置相对于 In-PHT 发生了蓝移，这与内插图（激发波长：240nm）中加入 Fe^{3+} 前后吲哚单体的荧光变化一致，荧光蓝移归因于 Fe^{3+} 与吲哚之间发生电子转移，表明在 Fe-In-PHT 体系中存在 Fe^{3+} 与吲哚之间的阳离子-π 相互作用。利用 EDS 对 In-PHT 和 Fe-In-PHT 薄膜的元素进行分析。从图 5-28（d）中可以看出，能量为 0.6keV 的峰对应于铁元素。

4. 性能研究

图 5-29（a）和图 5-29（b）对比了 In-PHT 与 Fe-In-PHT 的应力-应变曲线和动态力学分析曲线。从图中可以看出，阳离子-π 交联 Fe-In-PHT 薄膜在室温下显示出超高的拉伸强度（161MPa）和杨氏模量（5.3GPa）。与 In-PHT 相比，Fe-In-PHT 薄膜的拉伸强度和断裂伸长率都得到极大的提高。同时 Fe-In-PHT 薄膜的拉伸强度高于已报道的聚醚醚酮（PEEK）、聚酰亚胺（PI）和聚六氢三嗪（PHT）的拉伸强度[图 5-29（c）]，表明 Fe-In-PHT 具有优异的力学性能。图 5-29（d）对比了 Fe-In-PHT 薄膜和传统

高性能聚合物的断裂能，Fe-In-PHT 薄膜的断裂能高达 22.5J/m², 约为 In-PHT 断裂能的 5 倍，且高于传统的高性能聚合物，表明 Fe-In-PHT 具有良好的韧性。综上所述，通过在共价交联聚合物网络中引入"点-面"阳离子-π 相互作用，Fe-In-PHT 表现出优异的拉伸性能和韧性。

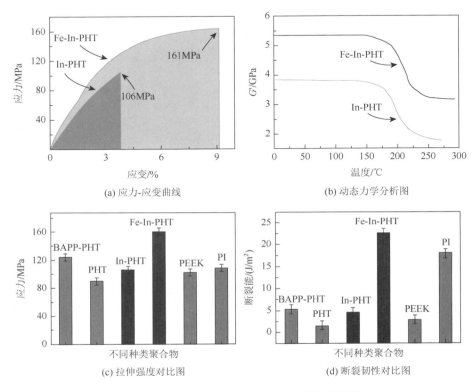

图 5-29　In-PHT 和 Fe-In-PHT 的力学性能表征

　　玻璃化转变温度与热分解温度是表征聚合物热稳定性的重要参数，也是衡量材料使用性能的重要指标。利用 DSC 和 TG 对 In-PHT 与 Fe-In-PHT 两种聚合物薄膜的热稳定性进行表征。从图 5-30（a）中可以看出，二者均具有较高的玻璃化转变温度（高达 205℃），且 Fe-In-PHT 的玻璃化转变温度（220℃）明显高于 In-PHT，表明阳离子的引入明显提升了聚合物的玻璃化转变温度。从图 5-30（b）中可以看出，Fe-In-PHT 的热分解温度（失重 5%所对应的温度）高达 350℃，明显高于 In-PHT 的热分解温度（320℃），表明阳离子的引入能在一定程度上提高聚合物的热稳定性，这归因于 Fe^{3+} 与吲哚之间的阳离子-π 相互作用，这种超分子作用力在聚合物网络中起着物理交联的作用，增强了分子链间的相互作用，提高了聚合物的热稳定性。

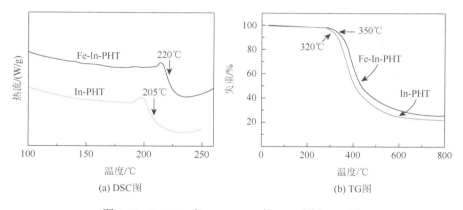

图 5-30   In-PHT 和 Fe-In-PHT 的 DSC 图和 TG 图

5. 增强增韧机理

Fe-In-PHT 增强增韧的原因主要是材料内部牺牲键的断裂可以耗散能量,拉伸机理如图 5-31 所示。原样[图 5-31(a)]发生小应变时,键在其原始位置重新结合[图 5-31(b)];发生大应变时,键进一步迁移,形成残余应变[图 5-31(c)];继续拉伸时,聚合物薄膜的网络结构被破坏,非共价阳离子-π 交联和共价交联在薄膜损伤区域断裂[图 5-31(d)]。显然,通过在共价交联聚合物网络中加入"点-面"阳离子-π 交联,Fe-In-PHT 薄膜显示出优异的拉伸强度和韧性。

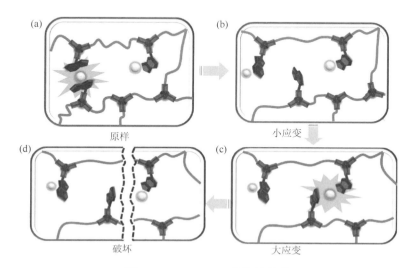

图 5-31   Fe-In-PHT 的拉伸机理

(a)无应力时薄膜的结构;(b)在小应变下,键在其原始位置重新结合;(c)在大应变下,键进一步迁移,形成残余应变;(d)继续拉伸,薄膜被破坏,阳离子-π 交联和共价交联在膜中损伤区域被去除

5.3.3　阳离子-π 交联吲哚基聚六氢三嗪的循环利用技术

　　Fe-In-PHT 薄膜的回收过程（图 5-32，彩图见附图 4）：①将 Fe-In-PHT 薄膜浸泡在 pH＝2 的 PPi 溶液中，加热使聚合物适当溶胀以促进 PPi "夺取" 聚合物网络中的 Fe^{3+}；②加热数小时后，溶液的颜色逐渐趋于红色，这归因于 PPi 将 Fe-In-PHT 薄膜中的 Fe^{3+} 从体系中夺取后溶解在溶液中；③将薄膜放置在 pH≈1 的 H_2SO_4 溶液中浸泡，薄膜逐渐分解；④待薄膜完全分解后，加入 pH≈10 的 Na_2CO_3 溶液，将回收溶液中和至 pH≈7，随后收集沉淀物；⑤利用回收的单体重新制备薄膜，实现 Fe-In-PHT 的有效回收利用。

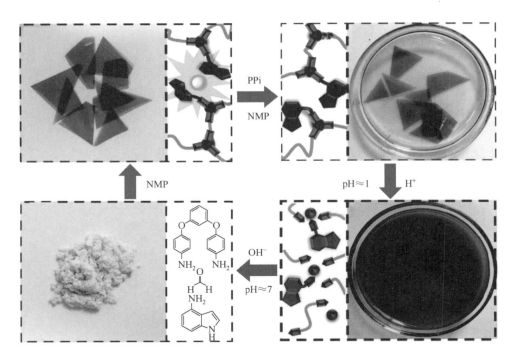

图 5-32　Fe-In-PHT 薄膜的回收示意图

5.4　互锁阳离子-π 相互作用驱动高性能环氧树脂构筑技术

　　本节利用可逆互锁阳离子-π 相互作用构筑新一代高性能环氧树脂，不同于前面介绍的高性能聚合物，该环氧树脂不仅具有良好的力学性能和热稳定性能，而且包含由大量呈互锁阳离子-π 嵌段形式的色氨酸盐组成的亲水性水域，它们很容易水合。当水分子进入这些区域时，联锁阳离子-π 相互作用被破坏。除去水分子后，互锁阳离子-π 相互作用又在聚合物网络内重新形成。

5.4.1　互锁阳离子-π 交联吲哚基环氧树脂的构筑

1. 互锁阳离子-π 交联吲哚基环氧树脂薄膜的合成技术

如图 5-33 所示，利用胱胺（CTM）、色氨酸盐（Trp-Na$^+$）和 2, 2-双(4-缩水甘油氧基苯基)丙烷（DGEBA）制备环氧树脂[PIN$^{(x)}$]，x 表示环氧树脂中 Trp-Na$^+$ 与 CTM 的物质的量之比。

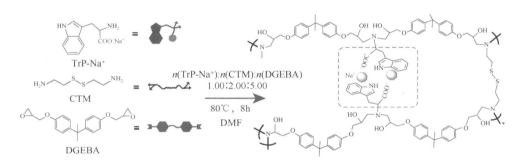

图 5-33　PIN 的制备

2. PIN 薄膜的表征

利用 ^{13}C NMR 对 PIN$^{(1/2)}$ 薄膜进行表征。图 5-34 为 PIN$^{(1/2)}$ 薄膜的 ^{13}C NMR 图。从图中可以看出，在 105～120ppm 处有三个较宽的信号，这归因于吲哚和苯基上的碳，约 58ppm 处的信号对应于脂肪链上的碳。核磁谱图验证了 PIN$^{(1/2)}$ 薄膜的结构。

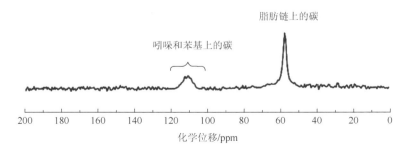

图 5-34　PIN$^{(1/2)}$薄膜的 ^{13}C NMR 图

5.4.2　互锁阳离子-π 交联吲哚基环氧树脂的性能研究

1. 可逆互锁阳离子-π 相互作用的证明

通过分子动力学模拟计算的径向分布函数表明吲哚单元和 Na$^+$ 在 3.67Å 处存在很强的相关性，形成由两个 Try-Na$^+$ 链段组成的互锁阳离子-π 结构[图 5-35(a)]。水处理后，Na$^+$ 被水分子包围，导致 Na$^+$ 与吲哚单元之间的距离显著增加。这是因为 Na$^+$ 的水合能（24.73kcal/mol）高于 Na$^+$ 和吲哚单元之间的键能（20.45kcal/mol）

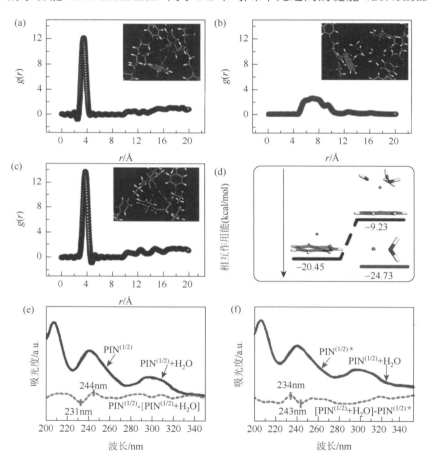

图 5-35　阳离子-π 相互作用的理论模拟和不同聚合物的 UV-vis 图

（a）PIN$^{(1/2)}$ 的径向分布函数；（b）PIN$^{(1/2)}$ + H$_2$O 的径向分布函数；（c）PIN$^{(1/2)*}$ 的径向分布函数，内插图为模拟处于平衡状态时两条相邻聚合物链的快照；（d）吲哚单元和阳离子在水合和无水合状态下的相互作用能以及水分子与 Na$^+$ 的相互作用能；（e）PIN$^{(1/2)}$ 和 PIN$^{(1/2)}$ + H$_2$O 的 UV-vis 光谱以及它们的差谱；（f）PIN$^{(1/2)}$ + H$_2$O 和 PIN$^{(1/2)*}$ 的 UV-vis 光谱以及它们的差谱

［图 5-35（b）和图 5-35（e）］。为了验证互锁阳离子-π 结构的可逆性，考察去除水分子后聚合物［PIN$^{(1/2)*}$］的平衡构象。考察结果表明，在 3.5～4.5Å 附近，Na$^+$ 与吲哚单元之间的距离降低至 3.79Å［图 5-35（c）］，存在互锁阳离子-π 相互作用。图 5-35（e）展示了 PIN$^{(1/2)}$ 和 PIN$^{(1/2)}$＋H$_2$O 样品的吸收光谱以及它们的差谱。差谱中在大约 231nm 和 244nm 处存在明显的负正带对，从而证实了 Na$^+$ 和吲哚环之间形成了互锁阳离子-π 相互作用。从 PIN$^{(1/2)}$ 样品中去除水分子后，互锁阳离子-π 相互作用在聚合物网络内重新形成。PIN$^{(1/2)}$＋H$_2$O 和干燥 PIN$^{(1/2)*}$ 样品的差谱进一步证实互锁阳离子-π 相互作用重新形成［图 5-35（f）］。因此，PIN$^{(1/2)}$ 宏观特性的变化可归因于可逆互锁阳离子-π 相互作用的存在。

2. 性能研究

图 5-36 为 PIN 薄膜的应力-应变曲线，从图中可以看出基于可逆互锁阳离子-π 相互作用交联的 PIN 薄膜在室温下具有较高的拉伸强度（62.7MPa）和韧性（9.69GPa）。适宜的交联度可以显著提高聚合物样品的力学性能，因此与 PIN$^{(0)}$ 相比，PIN$^{(1/2)}$ 表现出优异的力学性能。交联度过低不能明显提高材料的力学性能［PIN$^{(1/3)}$］，而交联度过高会使聚合物样品的脆性增大［PIN$^{(1/1)}$］。综上所述，通过在共价交联聚合物网络中适当引入可逆互锁阳离子-π 相互作用，PIN 薄膜表现出良好的拉伸性能和韧性。

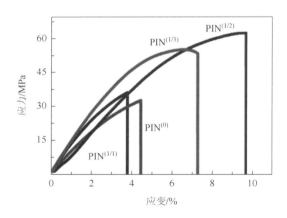

图 5-36　PIN$^{(x)}$ 样品的应力-应变曲线

热分解温度与玻璃化转变温度是表征聚合物热稳定性的重要参数，也是衡量材料使用性能的重要指标。利用 TG 和 DSC 对 PIN 薄膜的热稳定性进行表征。从图 5-37（a）中可以看出，PIN 的热分解温度高达 330℃，表明阳离子的引入能在一定程度上提高聚合物的热稳定性。从图 5-37（b）中可以看出，PIN 具有较高的玻璃化转变温度（接近 120℃），表明阳离子的引入提高了聚合物的玻璃化转变温度。

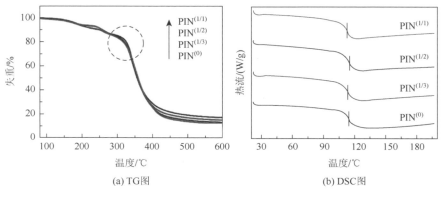

图 5-37　PIN 的 TG 和 DSC 图

5.5　高能阳离子-π 相互作用驱动高性能环氧树脂构筑技术

本节利用高能三明治结构的阳离子-π 相互作用构筑新一代高性能环氧树脂，即通过色胺（Tryp）和 E51 型环氧树脂（E51）以 1∶1 的物质的量之比共聚合成线性聚合物，随后用叔丁醇镁[Mg(Ot-Bu)₂] 处理形成超分子交联的高性能热固性材料。叔丁醇镁与吲哚之间形成可逆高能吲哚-镁-吲哚三明治结构的阳离子-π 交联模式，该交联模式具有两大优势：①交联作用面积大，当材料受到外力作用变形时，交联点的断裂与重构相对容易，由此可增加材料破坏前交联点断裂与重构的次数；②交联点键能与共价键相当，断裂作用力介于传统共价键和非共价键之间，当材料受到外力作用变形时，交联点可先于共价键断裂。基于以上优势，当材料受到外力作用变形时，该交联模式不仅可以保证聚合物网络的完整性，而且还可以最大程度地耗散能量，从宏观上表现为聚合物的强度和韧性同时提高。该交联模式规避了刚性骨架聚合物强度和韧性之间的矛盾，为设计构筑新一代高强韧可回收聚合物提供一种全新的方法。

5.5.1　高能阳离子-π 交联吲哚基环氧树脂的构筑

1. 线性聚合物的制备

如图 5-38 所示，将 E51 和 Tryp 搅拌后溶解于 DMF 中，然后在 80℃条件下反应 12h，反应结束后得到线性聚合物 EPI。

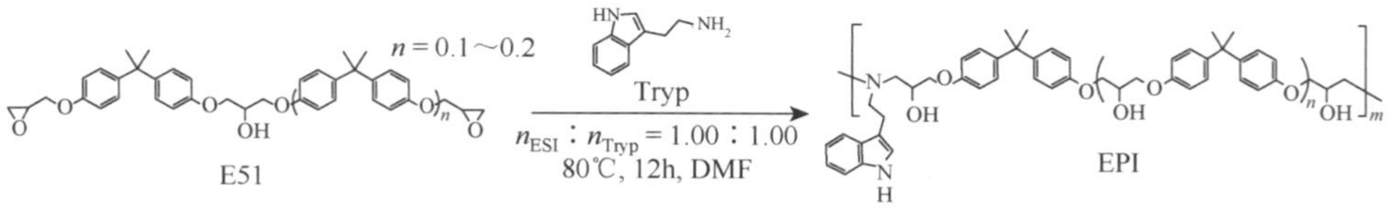

图 5-38　线性 EPI 的合成示意图

2. 阳离子-π 交联聚合物薄膜的制备

如图 5-39 所示，向 EPI 溶液中缓慢加入含 Mg(Ot-Bu)$_2$ 的 DMF 溶液，混合均匀后得到聚合物 CEPI-x（x 表示 Mg^{2+}与 Tryp 的物质的量之比），接着将 CEPI-x溶液浇注在干净的载玻片上，在真空干燥箱中彻底除去 DMF 后，把载玻片连同薄膜浸泡在水中 3h，以便于 CEPI-x 薄膜从载玻片表面剥离，彻底除去水分后，得到完整的薄膜样品，薄膜呈透明的淡黄色。

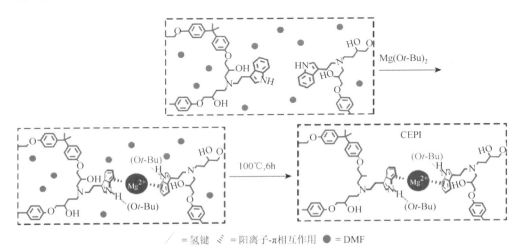

= 氢键　= 阳离子-π相互作用　● = DMF

图 5-39　阳离子-π 交联聚合物的形成示意图

3. 阳离子-π 交联聚合物薄膜的表征

利用 FTIR 对 EPI 和 CEPI-10 聚合物的结构进行表征。图 5-40 为 EPI 和 CEPI-10

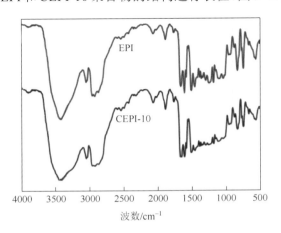

波数/cm^{-1}

图 5-40　EPI 和 CEPI-10 的 FTIR 图

的 FTIR 图。从图中可以看出，3400～3540cm^{-1} 处的峰归因于羟基（O—H）和亚氨基团（N—H）的伸缩振动，1500～1600cm^{-1} 处的峰归因于苯环和吲哚环骨架的振动，同时在 910cm^{-1} 附近没有出现环氧的特征峰，表明这两种单体成功发生了聚合反应。

利用 ^{13}C NMR 对合成的 EPI 和 CEPI-10 聚合物进行结构表征，表征结果如图 5-41 所示。从图中可以看出，120～160ppm 处的峰归因于吲哚环的碳原子，20～80ppm 处的信号峰归因于其他亚甲基结构的碳原子，与目标结构一致，表明聚合物被成功制备。

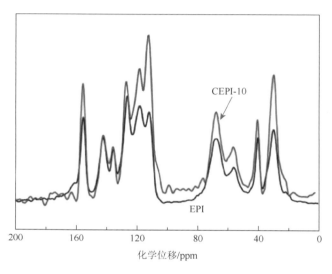

图 5-41　EPI 和 CEPI-10 的 ^{13}C NMR 图

5.5.2　高能阳离子-π 交联吲哚基环氧树脂的性能研究

1. 高能阳离子-π 相互作用的证明

为了深入了解吲哚-镁-吲哚高能阳离子-π 相互作用机理，采用 Gaussian 16 Revision A.03 软件进行模拟分析。从图 5-42（a）中可以看出，Mg^{2+} 位于吲哚环的上方，电子云向 Mg^{2+} 偏离，吲哚环上的电子云密度减小，(Ot-Bu)$^-$ 与吲哚环上的伸胺形成氢键，形成一种稳定的结构。吲哚-镁-吲哚键的相互作用能（311kJ/mol）与传统共价键的键能（350kJ/mol）相当，此外，吲哚-镁-吲哚键的最大约束力（2.4nN）比传统的 C—N 或 C—C 键（6.0nN）弱，比传统的非共价键高[图 5-42（b）]。上述结果表明，在刚性热固性材料中，吲哚-镁-吲哚键会优先断裂，从而有效地耗散外部机械应变产生的能量。

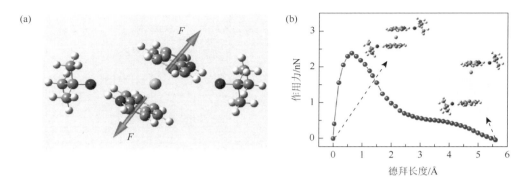

图 5-42　对吲哚-镁-吲哚键的模拟分析

（a）从理论上计算吲哚-镁-吲哚键的相互作用力；（b）从理论上计算吲哚-镁-吲哚复合物解离的恢复力随吲哚-镁-吲哚键长的变化

图 5-43 为 EPI 和 CEPI-10 的 UV-vis 图以及 CEPI-10 与 EPI 的紫外吸收差谱。从图中可以看出，与 EPI 的紫外吸收曲线相比，CEPI-10 中吲哚基团的 π-π*吸收峰发生了蓝移，且在 233nm、272nm 处出现了明显的正负谱带，表明 Mg²⁺与吲哚环之间存在阳离子-π 相互作用。在 100℃（高于玻璃化转变温度）下，对 CEPI-10 薄膜进行原位应力松弛-紫外可见光谱研究，如图 5-44 所示。从图中可以看出，在应力松弛过程中，吲哚基团的 π-π*吸收峰发生蓝移，表明吲哚-镁-吲哚相互作用在网络中逐渐形成，同样也说明该相互作用为阳离子-π 相互作用。

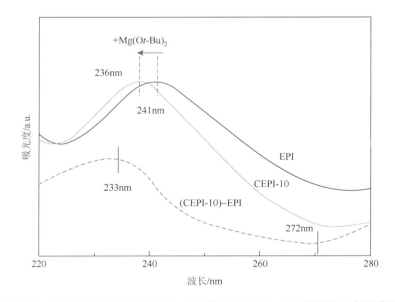

图 5-43　EPI 和 CEPI-10 的 UV-vis 图以及 CEPI-10 与 EPI 的紫外吸收差谱图

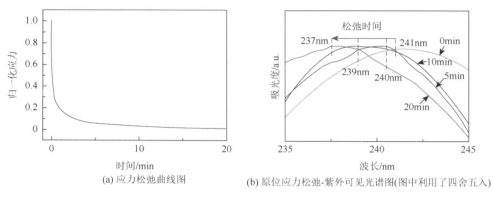

(a) 应力松弛曲线图　　　　(b) 原位应力松弛-紫外可见光谱图(图中利用了四舍五入)

图 5-44　100℃下 CEPI-10 的应力松弛曲线图及原位应力松弛-紫外可见光谱图

为进一步验证吲哚-镁-吲哚阳离子-π 相互作用的存在，进行荧光光谱测量。从图 5-45（a）中可以看出，与 EPI 相比，CEPI-10 的荧光最大发射峰位置发生了蓝移，CEPI-10 的荧光强度显著降低。加入 $Mg(Ot\text{-}Bu)_2$ 后，由于交联前后的共轭结构发生变化，从而引起荧光强度变化。此外，将 CEPI-10 的原位应力松弛-荧光光谱用于跟踪薄膜在应力松弛过程中的荧光强度变化。从图 5-45（b）中可以看出，荧光强度在应力松弛过程中逐渐降低，表明在外力作用下吲哚-镁-吲哚键可以进行动态的结合和解离。

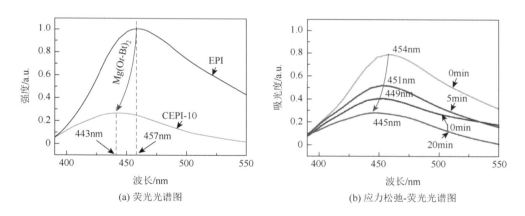

(a) 荧光光谱图　　　　(b) 应力松弛-荧光光谱图

图 5-45　EPI 和 CEPI-10 的荧光光谱图及 CEPI-10 的原位应力松弛-荧光光谱图

2. 性能研究

众所周知，机械性能是衡量高性能聚合物材料应用前景和使用性能的重要指标。图 5-46 为不同环氧树脂薄膜的应力-应变曲线图。从图中可以看出，与 EPI、CEPI-5、CEPI-15 和 CEPI-20 薄膜相比，CEPI-10 薄膜的拉伸强度和断裂伸长率最大。EPI 的拉伸强度和断裂伸长率分别为 62MPa 和 5.4%，CEPI-10 的拉伸强度增加到 108MPa，断裂伸长率增加到 21.1%。与传统的环氧树脂相比，该材料中的吲哚-镁-吲哚交联能够有效提高材料的机械强度和延展性。

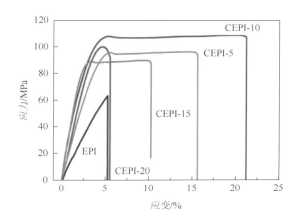

图 5-46　不同聚合物薄膜的应力-应变曲线

利用 SEM 观察断裂处的形貌。从图 5-47 中可以看出，EPI 的断面比较平滑，呈清晰的沟壑状，CEPI-10 的断面较粗糙，说明 EPI 为脆性断裂而 CEPI-10 为韧性断裂。

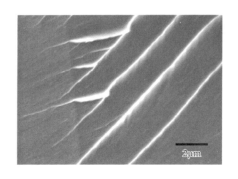
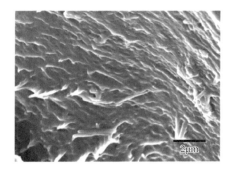

(a) EPI的拉伸断面SEM图　　　　　　　　(b) CEPI-10的拉伸断面SEM图

图 5-47　EPI 和 CEPI-10 的拉伸断面 SEM 图

图 5-48 为 CEPI-10 的增强增韧机理图。从图中可以看出，当应变＜5%时，可逆的吲哚-镁-吲哚键充当传统的化学交联点，在加载力释放后，熵驱动网络回到未拉伸状态，力学行为符合胡克定律。当应变≈10%时，网络中的吲哚-镁-吲哚

键开始断裂，升高温度至玻璃化转变温度后，网络在熵的驱动下可以回到未拉伸状态。当应变＞15%时，在拉伸过程中可逆的吲哚-镁-吲哚键发生断裂，而它们的重组发生在新的位置，由此形成的网络是永久变形的，当温度超过玻璃化转变温度时，也会观察到残余应变。

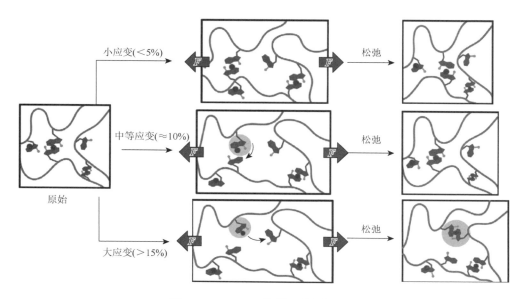

图 5-48　CEPI-10 的增强增韧机理图

　　热稳定性是衡量聚合物材料性能的重要参数，决定了材料的使用环境和使用温度。图 5-49 为 EPI 和 CEPI-10 的 TG 和 DSC 图。从图 5-49（a）中可以看出，EPI 和 CEPI-10 的分解温度都高于 350℃，由于 CEPI-10 中存在交联网络结构，CEPI-10 的分

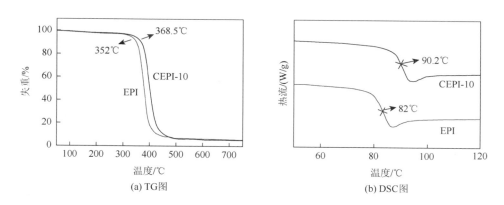

图 5-49　EPI 和 CEPI-10 的 TG 和 DSC 图

解温度（368.5℃）高于 EPI 的分解温度（352℃）。从图 5-49（b）中可以看出，CEPI-10 的玻璃化转变温度为 90.2℃，高于 EPI 的玻璃化转变温度（82℃），这也是因为 CEPI-10 中存在交联网络，从而提高了它的玻璃化转变温度。综上所述，高能阳离子-π 交联环氧树脂有良好的热稳定性。

　　耐溶剂性也是衡量聚合物性能的重要指标之一。将 EPI 和 CEPI-10 切成小块并分别放入 DMAc、DMSO、DMF、NMP 和 THF 中，观察 EPI 和 CEPI-10 的溶解情况，结果如表 5-4 所示。从表中可以看出，EPI 只在 THF 中不溶解，而 CEPI-10 完全不溶于上述溶剂，进一步验证了 CEPI-10 中交联网络的形成。

表 5-4　聚合物膜在不同溶剂中的溶解性

样品	DMAc	DMSO	DMF	NMP	THF
EPI	+	+	+	+	−
CEPI-5	−	−	−	−	−
CEPI-10	−	−	−	−	−
CEPI-15	−	−	−	−	−
CEPI-20	−	−	−	−	−

+：聚合物能被完全溶解；−：聚合物不能被溶解。

　　CEPI-10 的裂缝在镁离子溶液的帮助下可愈合。使用刀片轻轻划破 CEPI-10 薄膜表面，形成大约 5μm 宽的切口。将配制好的 Mg(Ot-Bu)$_2$ 溶液均匀涂抹在切口表面，并将其置于 50℃烘箱中加速愈合过程，在溶剂蒸发之后切口可愈合，这归因于吲哚-镁-吲哚交联作用在切口处形成，如图 5-50（a）和图 5-50（b）所示。此外，对撕裂的 CEPI-10 样品进行愈合性能测试，撕裂的样品展示出类似

(a) CEPI-10薄膜愈合前的照片

(b) CEPI-10薄膜愈合后的照片

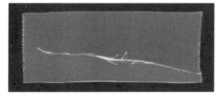

(c) 有撕裂口的CEPI-10薄膜的照片

(d) CEPI-10薄膜中撕裂口愈合的照片

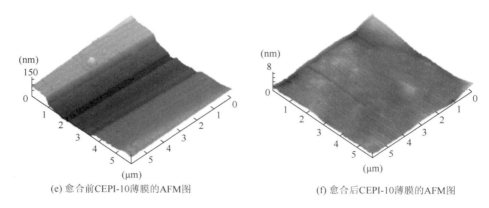

(e) 愈合前CEPI-10薄膜的AFM图　　　　　　　(f) 愈合后CEPI-10薄膜的AFM图

图 5-50　CEPI-10 薄膜的自愈性能研究

的愈合效果，如 图 5-50（c）和图 5-50（d）所示。为了观察切口处的微观形貌，采用 AFM 对更微小切口的结构进行观察。从图 5-50（e）和图 5-50（f）中可以看出，愈合切口区域的表面粗糙度与其他区域相同，进一步说明采用镁离子溶液对 CEPI-10 切口进行修复的方法是可行的（彩图见附图 5）。

　　CEPI-10 材料内超分子交联的动态特性使得两种材料之间的黏接成为可能。在两片 CEPI-10 薄膜的表面均匀涂抹 Mg(Ot-Bu)$_2$ 溶液，并将两片薄膜按压在一起，大约持续 1min，等溶剂挥发完后，可以得到黏接的 CEPI-10 薄膜样品，如图 5-51（a）～图 5-51（c）所示。从图 5-51（d）中可以看出，黏接的 CEPI-10 薄膜样品可以提起 15kg 的重物。对黏接的样品进行力学性能测试，试样的断裂没有发生在黏接处，说明两片

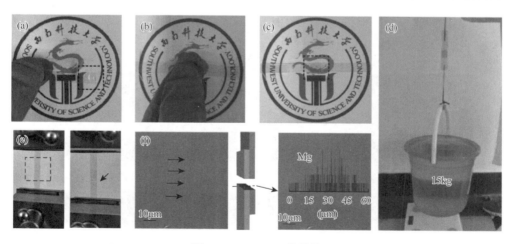

图 5-51　CEPI-10 的黏接

（a）接触区域用溶液进行预处理；（b）通过轻微的按压使两片薄膜接触；（c）两片薄膜黏接在一起；
（d）两片 CEPI-10 条形膜黏接后可轻松提起 15kg 的重物；（e）拉伸试样和拉伸后的破碎试样；
（f）黏接断面处的 SEM 和 EDX 图

CEPI-10 薄膜之间有很强的附着力，如图 5-51（e）所示。为了观察两片 CEPI-10 薄膜的黏接情况，将黏接处整齐切开，利用 SEM 观察切开的断面，利用 EDX 对样品黏接处的横截面进行元素分析，利用线扫模式测试垂直于黏接面的镁元素含量分布，结果显示镁元素的含量沿黏接面到另外两边呈正态分布，说明吲哚-镁-吲哚相互作用通过黏接区域重新建立，如图 5-51（f）所示。

5.5.3　高能阳离子-π 交联吲哚基环氧树脂的循环利用技术

由于 PPi 能与 Mg^{2+} 形成更稳定的交联，CEPI-10 网络中的吲哚-镁-吲哚交联作用可以由此得到解除；引入 Mg^{2+} 后，CEPI-10 网络中的吲哚-镁-吲哚交联作用可以重构。吲哚-镁-吲哚键可逆地形成和解除有利于 CEPI-10 样品的循环再利用。图 5-52 为 CEPI-10 样品的循环再利用示意图。CEPI-10 样品通过以下三个步骤进行回收：①将 CEPI-10 样品加入含 PPi 质量分数为 0.2% 的 DMF 溶液中，在 50℃

图 5-52　CEPI-10 的溶解回收示意图

（a）CEPI-10 样品；（b）破碎的 CEPI-10 即使在高温下也不能在 NMP 中溶解；（c）破碎的 CEPI-10 在 PPi 存在的情况下可溶解在 NMP 中；（d）在水中沉淀析出；（e）过滤和干燥后得到 EPI 粉末；（f）线性 EPI 溶解于 NMP 中

下不断搅拌直至完全溶解；②将混合溶液倒入去离子水中，使聚合物在水中析出，过滤后得到聚合物，并使用大量去离子水冲洗，以除去多余杂质，最后将聚合物干燥；③将收集到的聚合物重新溶解于 DMF 溶剂，再加入相应比例的 Mg(O*t*-Bu)$_2$ 溶液，混合均匀后除去溶剂，得到 CEPI-10 样品。与原来的样品相比，回收的样品的力学性能保持不变，如图 5-53 所示。

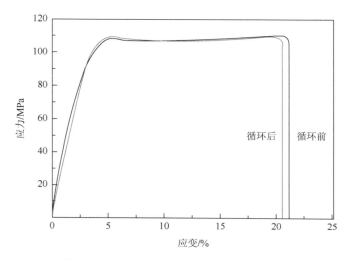

图 5-53　循环前后 CEPI-10 的应力-应变曲线

CEPI-10 的玻璃化转变温度相对较低，在高温下具有较好的流动性，可以通过热压重铸法使破碎的 CEPI-10 聚合物重新成型。如图 5-54 所示，采用平板硫化机对 CEPI-10 进行加工处理，上下热压板的温度设定为 160℃，压强设定为 80bar（1bar = 10^{5}Pa），热压时间设定为 10min，将破碎的 CEPI-10 装入模具后连同模具一起放入两个热压板之间，进行热压成型。与原来的样品相比，重新成型的样品的力学性能保持不变，如图 5-55 所示。

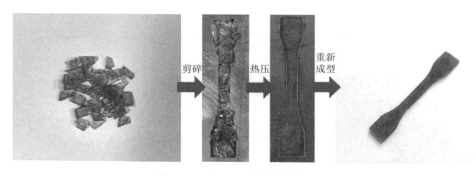

图 5-54　CEPI-10 样品的重新成型过程

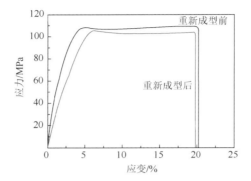

图 5-55　重新成型前后 CEPI-10 的应力-应变曲线

参 考 文 献

[1]　Chang G J，Yang L，Liu S Y，et al. Rational design of a fluorescent poly（*N*-arylene-indole ether sulfone）switch by cation-π interactions. Polymer Chemistry，2015，6（5）：697-702.

[2]　Chang G J，Yang L，Yang J X，et al. High-performance pH-switchable supramolecular thermosets via cation-π interactions. Advanced Materials，2018，30（7）：1704234.

[3]　Guan X F，Ma Y C，Yang L，et al. Unprecedented toughening high-performance polyhexahydrotriazines constructed by incorporating point-face cation-π interactions in covalently crosslinked networks and the visual detection of tensile strength. Chemical Communications，2020，56（7）：1054-1057.

[4]　Yang L，Du M Q，Yang S E，et al. Recyclable crosslinked high-performance polymers via adjusting intermolecular cation-π interactions and the visual detection of tensile strength and glass transition temperature. Macromolecular Rapid Communications，2018，39（10）：1800031.

[5]　Li Y C，Du M Q，Yang L，et al. Hydrophilic domains compose of interlocking cation-π blocks for constructing hard actuator with robustness and rapid humidity responsiveness. Chemical Engineering Journal，2021，414：128820.

[6]　Yang L，Li Y C，Du M Q，et al. Force-reversible and energetic indole-Mg-indole cation-π interaction for designing toughened and multifunctional high-performance thermosets. Advanced Functional Materials，2022，32（14）：2111021.

第6章 高性能聚合物的应用

6.1 高性能聚合物在材料性能无损探测中的应用

6.1.1 利用聚合物的紫外吸收性质探测聚合物的性能

聚合物的拉伸强度和玻璃化转变温度是衡量聚合物性能的两个重要指标，它们决定着高性能聚合物在航天航空、军工制造、精密电子等领域的应用范围。在高性能聚合物的使用过程中，随着使用时间的延长以及环境对材料的影响等，聚合物材料的性能会逐渐下降，若不能及时探测材料的各项性能指标，则会给工业生产等带来严重的后果，甚至造成很大的安全隐患。因此，开发一种能够及时、方便地探测聚合物拉伸强度和玻璃化转变温度的方法意义重大。本节提供了一种能够无损检测高分子材料力学性能的方法，即利用聚合物膜透光率的变化来实现对聚合物材料力学性能的检测[1-4]。

1. 金属配位作用对高性能聚合物体系的影响

在聚合物体系中，金属配位作用的形成会改变聚合物链的微观状态，进而使得聚合物的一些宏观物理性质（如紫外吸收等）发生变化。本书第3章介绍了基于金属配位作用交联的含苯并咪唑基团和吡啶基团的聚砜（PESpy-Zn^{2+}）体系。进一步研究后发现不同 Zn^{2+} 含量的聚合物薄膜的透光率、玻璃化转变温度和拉伸强度不同且相互之间具有相关性，如图6-1（a）～图6-1（c）所示。随着 Zn^{2+} 摩尔分数的逐

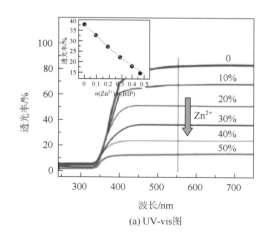

(a) UV-vis图

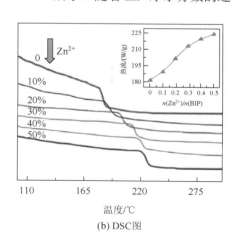

(b) DSC图

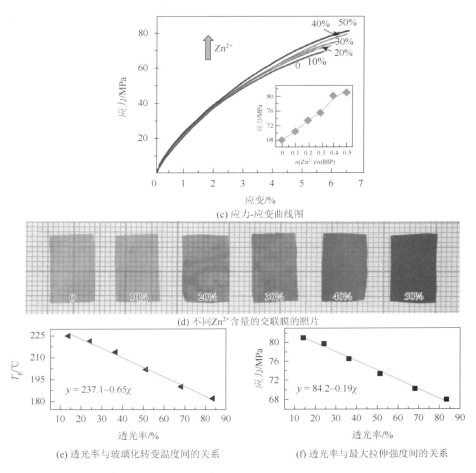

(c) 应力-应变曲线图

(d) 不同Zn²⁺含量的交联膜的照片

(e) 透光率与玻璃化转变温度间的关系　　　(f) 透光率与最大拉伸强度间的关系

图 6-1　不同 Zn²⁺含量的 PESpy-Zn²⁺的玻璃化转变温度和拉伸强度的可视化研究

渐增加，聚合物的透光率逐渐减小，玻璃化转变温度逐渐提高，拉伸强度也逐渐增加。图 6-1（d）为不同 Zn²⁺含量的交联聚合物薄膜 PESpy-Zn²⁺在自然光下的照片。从图中可以看出，随着 Zn²⁺含量的逐渐增加，聚合物膜的颜色逐渐加深，与薄膜透光率结果一致。因此，以 Zn²⁺含量为基础，分别建立聚合物透光率和拉伸强度以及透光率和玻璃化转变温度间的关系，如图 6-1（e）和图 6-1（f）所示。聚合物的透光率和拉伸强度呈线性关系，和玻璃化转变温度也呈线性关系。

2. 氢键对高性能聚合物体系的影响

利用氢键交联后聚合物透明度降低，可以直观地检测薄膜的拉伸强度。本书第 4 章介绍了基于氢键交联的含苯并三氮唑基团的聚醚砜体系。进一步研究后发现通过控制聚合物膜质子化程度，可以定量地控制质子化含苯并三氮唑基团的聚

醚砜膜的透明度[图6-2（a）和图6-2（b）]，且断裂应力与透光率之间存在幂律关系
[图6-2（c）～图6-2（e）]。利用应力与透光率的关系，已知质子化含苯并三氮唑基团的聚醚砜膜的透光率，从而可以得到聚合物膜的拉伸强度。因此，聚合物膜的透光率可以作为读出聚合物力学性能的一种直观的报告机制。

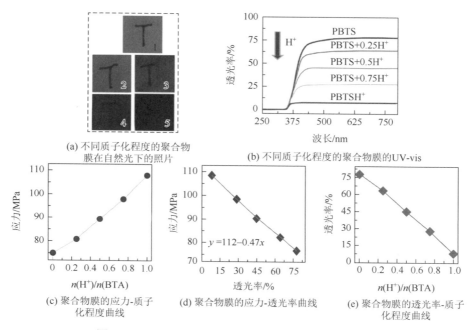

(a) 不同质子化程度的聚合物
膜在自然光下的照片

(b) 不同质子化程度的聚合物膜的UV-vis

(c) 聚合物膜的应力-质子
化程度曲线

(d) 聚合物膜的应力-透光率曲线

(e) 聚合物膜的透光率-质子
化程度曲线

图 6-2　不同质子化程度的薄膜拉伸强度的可视化研究

3. 阳离子-π 相互作用对高性能聚合物体系的影响

利用基于阳离子-π 相互作用交联后聚合物透明度升高，可以直观地检测薄膜的拉伸强度和玻璃化转变温度。本书第 5 章介绍了基于阳离子-π 相互作用交联的侧链含吲哚的磺化聚芳基吲哚酮（SPIN）。鉴于此将基于阳离子-π 相互作用交联的侧链含吲哚的磺化聚芳基吲哚酮浸泡在酸溶液中，测试不同酸处理时间下聚合物膜的透光率、玻璃化转变温度和拉伸强度，结果如图 6-3 所示。从图 6-3（a）～图 6-3（c）中可以看出，随着酸处理时间逐渐增加，聚合物膜的透光率逐渐减小，颜色逐渐加深，拉伸强度逐渐减弱，玻璃化转变温度也逐渐减弱。分别建立聚合物透光率和拉伸强度以及透光率和玻璃化转变温度之间的关系，如图 6-3（d）和图 6-3（e）所示。聚合物的玻璃化转变温度和拉伸强度与透光率呈幂律关系，已知聚合物膜的透光程度，从而可以得到聚合物膜的拉伸强度和玻璃化转变温度。因此，聚合物膜的透光率可以作为读出聚合物力学性能和玻璃化转变温度的一种无损的报告机制。

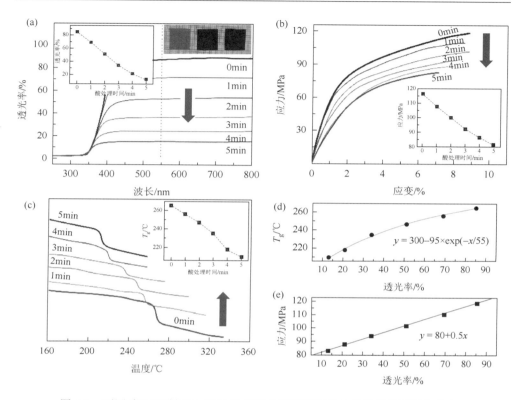

图 6-3　不同酸处理时间下 SPIN 的玻璃化转变温度和拉伸强度的可视化研究

（a）不同酸处理时间下 SPIN 的 UV-vis 图，内插图为酸处理时间与透光率之间的关系曲线；（b）不同酸处理时间下 SPIN 的应力-应变曲线，内插图为酸处理时间与拉伸强度之间的关系曲线；（c）不同酸处理时间下 SPIN 的 DSC 图，内插图为酸处理时间与玻璃化转变温度之间的关系曲线；（d）透光率与玻璃化转变温度之间的关系曲线；（e）透光率与最大拉伸强度之间的关系曲线

　　本书第 5 章介绍了基于阳离子-π 相互作用交联的吲哚基聚六氢三嗪（Fe-In-PHT）体系。基于此，利用 Fe^{3+} 和吲哚之间的颜色变化效应对材料的力学性能进行检测。首先用智能手机的相机拍摄 Fe-In-PHT 的光学图像[图 6-4（a），彩图见附图 6]，接

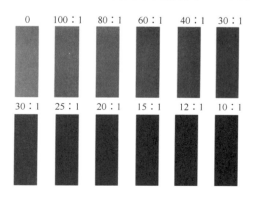

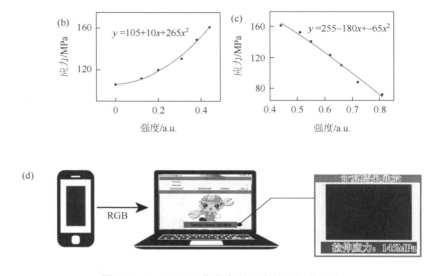

图 6-4　Fe-In-PHT 薄膜力学强度的可视化研究

（a）Fe-In-PHT 膜的光学图像，RGB 强度与拉伸应力的非线性拟合关系；（b）吲哚与 Fe^{3+} 的物质的量之比在 0～1/30 范围内 RGB 强度与拉伸应力的非线性拟合关系；（c）吲哚与 Fe^{3+} 的物质的量之比在 1/30～1/10 范围内 RGB 强度与拉伸应力的非线性拟合关系；（d）使用自制程序检测 Fe-In-PHTs 系列聚合物拉伸强度的示意图

着对不同 Fe^{3+} 含量的 Fe-In-PHT 进行应力-应变测试，测试结果表明拉伸应力与颜色强度之间存在幂律关系[图 6-4（b）和图 6-4（c）]。通过自制的分析程序，量化薄膜颜色变化，并直接读取 Fe-In-PHT 薄膜的拉伸应力[图 6-4（d），彩图见附图 7]。可见，拉伸应力的比色检测是一种方便有效的方法。

6.1.2　利用聚合物的荧光性质探测聚合物的性能

1. 金属配位作用对高性能聚合物体系的影响

本书第 3 章介绍了基于金属配位作用交联的 N-聚吲哚（Cu^{2+}-N-PIN）体系。线性聚合物 N-PIN 的主链上同时有富电子的吲哚基以及缺电子的砜基官能团，这两种基团之间会形成强烈的供体-受体相互作用，从而产生分子链间的电子转移，使得线性聚合物产生较强的荧光。然而，随着金属离子的引入，金属离子会与配体形成强烈的金属配位作用，这种作用会使吡啶配体邻近吲哚上的电子云分布状态改变，造成聚合物分子链间电子转移发生变化，宏观上表现为聚合物的荧光强度改变[5]。本节将利用聚合物材料的荧光性质实现对聚合物拉伸强度和玻璃化转变温度的无损检测。首先制备一系列不同 Cu^{2+} 含量的交联聚合物 Cu^{2+}-N-PIN 薄膜，在相同条件下，分别测试聚合物薄膜的荧光强度、拉伸强度和玻璃化转变温度，结果如图 6-5（a）～图 6-5（c）所示。随着 Cu^{2+} 含量的逐渐增加，聚合物的荧光强度逐渐减弱，拉伸强度逐渐增加，玻璃化转变温度也逐渐提高。因此，以 Cu^{2+} 含量为基础，分别建立聚合物荧光强度和拉伸强度以及荧光强度和玻璃化转变温度之间的关系，如图 6-5（d）和图 6-5（e）所示。聚合物的荧光强度和玻璃化转变温度呈幂律关系，和拉伸强度也呈幂律关系。

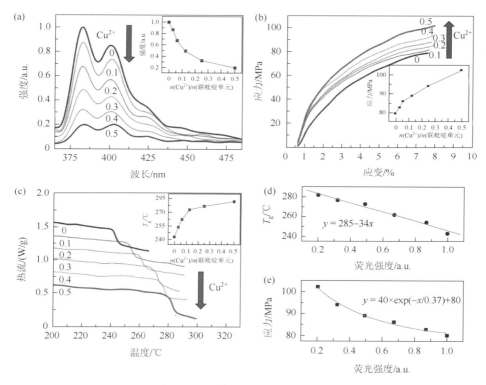

图 6-5　不同 Cu^{2+} 含量下 Cu^{2+}-N-PIN 的 T_g 与强度的可视化研究

（a）不同 Cu^{2+} 含量下 Cu^{2+}-N-PIN 的荧光光谱，内插图为 Cu^{2+}-N-PIN 的最大荧光发射强度与不同 Cu^{2+} 含量之间的关系曲线；（b）不同 Cu^{2+} 含量下 Cu^{2+}-N-PIN 的应力-应变曲线，内插图为 Cu^{2+}-N-PIN 的最大拉伸断裂强度与不同 Cu^{2+} 含量之间的关系曲线；（c）不同 Cu^{2+} 含量下 Cu^{2+}-N-PIN 的 DSC 图，内插图为 Cu^{2+}-N-PIN 的 T_g 与不同 Cu^{2+} 含量之间的关系曲线；（d）最大荧光强度与 T_g 之间的关系曲线；（e）最大荧光强度与最大拉伸断裂强度之间的关系曲线

2. 阳离子-π 相互作用对高性能聚合物体系的影响

本书第 5 章介绍了基于阳离子-π 相互作用交联的主链含吲哚的磺化聚芳基吲哚酮（SPAIKs）体系。这里利用 SPAIKs 中的金属阳离子和吲哚之间的荧光猝灭效应来实现对聚合物材料力学性能的检测。检测方法：先测定多个聚合物膜中每个聚合物膜的力学强度和荧光吸收光谱最大值，建立荧光吸收光谱最大值与力学强度的曲线关系或函数关系；然后测量待测聚合物膜的荧光吸收光谱最大值，利用建立的曲线关系或函数关系计算得出待测聚合物膜的力学强度[6]。图 6-6（a）展示

了在酸溶液中浸泡不同时间的聚合物膜的荧光光谱。从图中可以看出，随着浸泡时间的增加，聚合物膜的荧光强度逐渐增强。图 6-6（b）展示了酸处理后的聚合物膜在碱溶液中浸泡不同时间后的荧光光谱。从图中可以看出，随着浸泡时间的增加，聚合物膜的荧光强度逐渐减弱。由此可见，聚合物膜在酸性溶液和碱性溶液中浸泡不同时间后，其荧光强度会发生变化，而且聚合物膜的荧光强度随着交联密度的增加而降低。因此，利用金属阳离子与相邻的共轭 π 结构的荧光猝灭效应能够对聚合物膜的交联和力学性能进行无损检测。图 6-6（c）展示了酸处理后聚合物膜的断裂应力与荧光光谱最大值的曲线关系，通过对不同浸泡时间的样品进行应力-应变实验，发现断裂应力与荧光吸收光谱最大值之间存在幂律关系。已知聚合物膜的荧光变化，从而可以得到聚合物膜的拉伸强度。因此，聚合物膜的荧光变化可以作为读出聚合物力学性能的一种无损的报告机制。

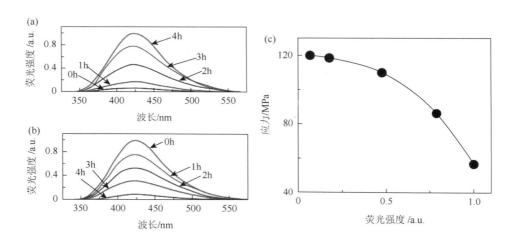

图 6-6　聚合物膜在不同条件下的荧光光谱和应力随荧光强度的变化

（a）聚合物膜在酸性溶液中浸泡不同时间的荧光光谱；（b）酸处理后的聚合物膜在碱性溶液中浸泡不同时间的荧光光谱；（c）应力-荧光强度曲线

6.2　高性能聚合物在荧光防伪中的应用

近年来，防伪在聚合物产品的实际应用中起着越来越重要的作用。由于高性能环氧树脂广泛用于航空航天、机械与电子设备和其他高科技领域，因此材料的防伪性能显得越来越重要。本书第 3 章介绍了金属配位作用对苯并三氮唑基环氧树脂薄膜（PEPTDT-Cu^{2+}）体系的影响。基于此，为了研究高性能聚合物的防伪特性，设计两种方法来实现 PEPTDT-Cu^{2+}环氧树脂薄膜的防伪应用：①将聚合物薄膜裁剪成宽度各异的样条，然后按照一定的规则排列成常见的一维码；②为了实现聚合物和其他聚合物材料的复合，利用 3D Max 建模软件和 3D 打印机，以聚丙烯（PP）为打印原材料，设计 3cm×3cm 和 5cm×5cm 箱形模具（图 6-7），然后将制备的聚合物反应液滴入模具中，并加热使其交联固化[7]。

图 6-7　二维码的 3D 设计图

1. 酸处理时间对 PEPTDT-Cu^{2+}薄膜荧光强度的影响

Cu^{2+}与苯并三氮唑间的金属配位作用会在 PPi 的影响下解除。据此，将 PEPTDT-Cu^{2+}薄膜浸泡于 PPi 中，Cu^{2+}被释放出来与 PPi 形成络合物，薄膜的荧光强度得到恢复。如图 6-8 所示，随着浸泡时间增加，荧光强度逐渐增加。与未浸泡的 PEPTDT-Cu^{2+}薄膜相比，浸泡 4h 后，PEPTDT-Cu^{2+}薄膜的荧光强度增加了 100 倍。因此，将 PEPTDT-Cu^{2+}薄膜浸泡于 PPi 溶液中，薄膜的荧光强度可以得到恢复。

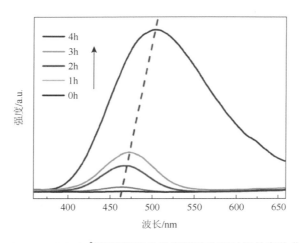

图 6-8　PEPTDT-Cu^{2+}薄膜的荧光强度随酸处理时间的变化曲线

2. PEPTDT-Cu^{2+}薄膜的荧光机理分析

如图 6-9（彩图见附图 8）所示，环氧树脂薄膜的荧光会随着环境条件的改变而变化。当加入苯并三氮唑时，薄膜的荧光呈黄色，而加入 Cu^{2+}后，荧光消失，通过 PPi 处理后，荧光又恢复为淡黄色。其原因如下：当 Cu^{2+}与苯并三氮唑形成配位键时，苯并三氮唑的电子云向 Cu^{2+} 偏移，电子云密度降低，荧光猝灭；将薄膜浸泡在 PPi 中时，PPi 进入聚合物交联网络，并与 Cu^{2+} 发生络合作用，破坏了 Cu^{2+} 与苯并三氮唑之间的金属配位作用，荧光恢复。

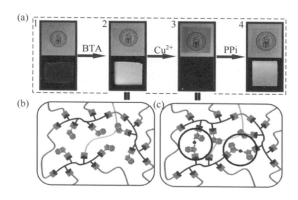

图 6-9　环氧树脂薄膜在 365nm 紫外光照射下的照片及相应的荧光机理图

（a）环氧树脂薄膜在 365nm 紫外光照射下的照片：1 为不含 BTA 的环氧膜，2 为 PEPTDT 膜，3 为 PEPTDT-Cu^{2+}
薄膜，4 为酸处理后的 PEPTDT-Cu^{2+} 薄膜；（b）和（c）荧光机理图

3. PEPTDT-Cu^{2+} 薄膜的防伪应用

如图 6-10（a）所示，把固化后的 PEPTDT-Cu^{2+} 和 PEPTDT 薄膜裁切为矩形样条，并按一定规则排布。酸浸泡前后薄膜的荧光不同，条形码的荧光组合也随之变得不同。在荧光条形码的基础上，该环氧树脂可被用作防伪印刷材料印刷在重要聚合物产品的表面。以 PP 为原料，采用 3D 打印技术打印出 3cm×3cm

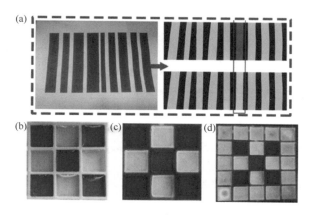

图 6-10　PEPTDT-Cu^{2+}薄膜的防伪应用

（a）不同宽度环氧树脂的新型防伪条形码；（b）3cm×3cm 模具在太阳光照射下的照片；（c）3cm×3cm 模具在
365nm 紫外光照射下的图像；（d）5cm×5cm 模具在 365nm 紫外光照射下的图像

和 5cm×5cm 箱形模具,在模具中实现聚合物的制备。PEPTDT-Cu^{2+} 聚合物涂层可与
PP 成功融合,从而为目标 PP 带来防伪性能,如图 6-10(b)所示。二维码组合形式多
变,可以用来传递信息。与条形码一样,二维码在太阳光照射下不明显,但在紫外光
照射下其荧光却易于观察,如图 6-10(c)和图 6-10(d)所示(附图见附图 9)。

6.3   高性能聚合物在燃料电池中的应用

聚合物电解质膜燃料电池作为一种方便、高效的电化学装置,得到了广泛的研究。
质子交换膜(PEM)是系统中的核心部件,能使燃料和氧化剂保持分离[8]。目前,以
Nafion 为代表的全氟磺酸聚合物膜由于具有较高的质子电导率和优异的热稳定性,成
为燃料电池中唯一的商用质子交换膜。尽管 Nafion 足以满足当前大多数燃料电池的应
用需求,但仍存在一些特殊的局限性。例如,由于存在脱水作用,当温度高于 80℃ 时,
膜的电导率会急剧下降[9]。此外,高昂的价格和甲醇的渗透性也限制了质子交换膜燃
料电池(PEMFCs)的大规模商业化应用。这些限制促使研究者们努力开发新的 PEM
材料,以降低成本并克服全氟化磺酸膜的缺点。在开发可替代的膜材料方面,高性能
磺化聚合物受到了极大的关注。其中,磺化聚醚醚酮(SPEEK)显示出相当广阔的应
用前景[10]。在磺化聚合物膜中,质子传导性强烈依赖于磺化度。磺化度高的 SPEEK
通常表现出高质子传导性。然而,SPEEK 的机械性能在磺化后会通过在水中的极端膨
胀而逐渐恶化,这使得磺化膜的长期稳定存在问题[11]。为了制备更稳定、机械强度更
高的膜,研究者们进行了大量的研究工作。本节将介绍磺化聚亚胺醚醚酮(SPIEEKs)
在燃料电池膜中的应用[12]。引入亚氨基后,有望通过亚氨基与磺酸基、亚氨基与羧基
之间的氢键诱导增强链间的相互作用,从而获得机械性能更高的膜。

1. 离子交换容量吸水量和尺寸变化

测定磺化聚合物离子交换容量 IEC 的方法如下:在 $1mol \cdot L^{-1}NaCl$ 溶液中浸泡
SPIEEK 膜,H$^+$ 与溶液中的 Na$^+$ 交换而转化为含 Na$^+$ 的 SPIEEK 膜,再用
$0.01mol \cdot L^{-1}NaOH$ 溶液滴定溶液中的 H$^+$,所得结果如表 6-1 所示。

表 6-1   SPIEEK 膜的 IEC、吸水率和尺寸变化

样品	IEC/(mequiv·g^{-1})	吸水率/%	尺寸变化	
			Δt	Δl
SPIEEK-20	0.89	21	0.03	0
SPIEEK-40	1.66	30	0.09	0.03
SPIEEK-60	2.26	44	0.13	0.04
SPIEEK-80	2.79	56	0.19	0.06
SPIEEK-100	3.24	74	0.24	0.08

注:Δt 为膜的厚度变化,Δl 为膜的长度变化。

　　众所周知，燃料电池用磺化膜的吸水膨胀率会影响聚合物膜的电导率和力学性能，吸水量小的聚合物膜通常表现出较低的质子电导率，而吸水量大的膜表现出较低的机械强度。在 20～100℃的温度范围内测定质子形式的共聚物膜的吸水率，并在厚度和平面方向上测量膜的尺寸变化。图 6-11 展示了吸水率随温度升高的变化。由于链间存在较强的氢键作用，SPIEEK 膜的吸水量受温度的影响较小。

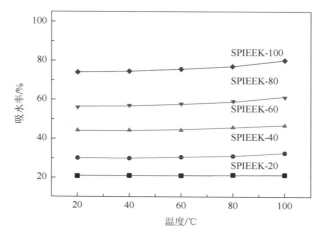

图 6-11　SPIEEK 膜在不同温度下的吸水率

2. 质子电导率和甲醇渗透率

　　对浸泡在水中的 SPIEEK 膜的质子电导率和甲醇渗透率进行测量，结果如表 6-2 所示。采用阻抗分析仪，通过双探针法测量 SPIEEK 膜的质子电导率。SPIEEK 膜的质子电导率随着 IEC 的增加而增加。与 Nafion-117 相比，所得共聚物 SPIEEK-60 和 SPIEEK-80 显示出更高的质子传导性。在液态水中测量得到的 SPIEEK 共聚物膜和 Nafion-117 的质子电导率与温度的关系如图 6-12 所示。SPIEEK 膜的质子传导性与温度近似呈线性关系，温度升高导致膜的质子传导率增加。综上所述，SPIEEK 共聚物膜在保持尺寸稳定性的同时具有较高的质子电导率。

表 6-2　SPIEEK 膜的质子电导率和甲醇渗透率

样品	质子传导率/（S/cm）		甲醇渗透率/（10^{-7}cm²/s）	
	25℃	80℃	25℃	80℃
SPIEEK-20	0.021	0.032	0.4	1.2
SPIEEK-40	0.046	0.058	1.8	5.4
SPIEEK-60	0.073	0.118	2.1	6.8
SPIEEK-80	0.092	0.154	2.6	10.3
Nafion-117	0.059	0.082	12.5	38.7

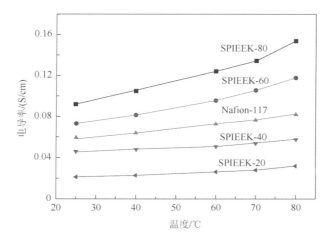

图 6-12　SPIEEK 膜在不同温度下的质子电导率

用分子动力学方法分别计算 SPEEK 和 SPIEEK 膜的甲醇渗透性。聚合物层和甲醇层用 Materials Studio 程序里面的异形电池模块构建。对甲醇施加一定的压力，使其通过聚合物层。一定时间后，计算聚合物层另一侧甲醇的分子数。如图 6-13 所示，在相同条件下，甲醇通过 SPIEEK 膜比通过 SPEEK 膜更困难，该结果与实验数据较吻合，是由 SPIEEK 膜中的亚氨基和磺酸基、亚氨基和羧基之间的氢键引起。

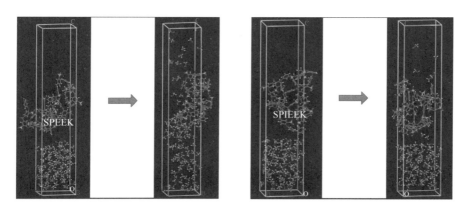

图 6-13　SPEEK 和 SPIEEK 膜的甲醇渗透率示意图

参 考 文 献

[1] Chang G J，Wang C，Song L X，et al. An encouraging recyclable synergistic hydrogen bond crosslinked high-performance polymer with visual detection of tensile strength. Polymer Testing，2018，71：167-172.

[2] Guan X F，Ma Y C，Yang L，et al. Unprecedented toughening high-performance polyhexahydrotriazines constructed

by incorporating point-face cation-π interactions in covalently crosslinked networks and the visual detection of tensile strength. Chemical Communications，2020，56（7）：1054-1057.

[3]　Yang L，Du M Q，Yang S E，et al. Recyclable crosslinked high-performance polymers via adjusting intermolecular cation-π interactions and the visual detection of tensile strength and glass transition temperature. Macromolecular Rapid Communications，2018，39（10）：1800031.

[4]　Yang L，Wang C，Xu Y W，et al. Facile synthesis of recyclable Zn（II）-metallosupramolecular polymers and the visual detection of tensile strength and glass transition temperature. Polymer Chemistry，2018，9（20）：2721-2726.

[5]　Chang G J，Wang C，Du M Q，et al. Metal-coordination crosslinked N-polyindoles as recyclable high-performance thermosets and nondestructive detection for their tensile strength and glass transition temperature. Chemical Communications，2018，54（23）：2906-2909.

[6]　Chang G J，Yang L，Yang J X，et al. High-performance pH-switchable supramolecular thermosets via cation-π interactions. Advanced Materials，2018，30（7）：1704234.

[7]　Cao L，Yang L，Xu Y W，et al. A toughening and anti-counterfeiting benzotriazole-based high-performance polymer film driven by appropriate intermolecular coordination force. Macromolecular Rapid Communications，2021，42（4）：2000617.

[8]　Peckham T J，Holdcroft S. Structure-morphology-property relationships of non-perfluorinated proton-conducting membranes. Advanced Materials，2010，22（42）：4667-4690.

[9]　Zhang L W，Chae S R，Hendren Z，et al. Recent advances in proton exchange membranes for fuel cell applications. Chemical Engineering Journal，2012，204-206：87-97.

[10]　Li N W，Wang C Y，Lee S Y，et al. Enhancement of proton transport by nanochannels in comb-shaped copoly(arylene ether sulfone)s. Angewandte Chemie International Edition，2011，50（39）：9158-9161.

[11]　Robertson N J，Kostalik H A，Clark T J，et al. Tunable high performance cross-linked alkaline anion exchange membranes for fuel cell applications. Journal of the American Chemical Society，2010，132（10）：3400-3404.

[12]　Chang G J，Shang Z F，Yang L. Hydrogen bond cross-linked sulfonated poly（imino ether ether ketone）（PIEEK） for fuel cell membranes. Journal of Power Sources，2015，282：401-408.

附　图

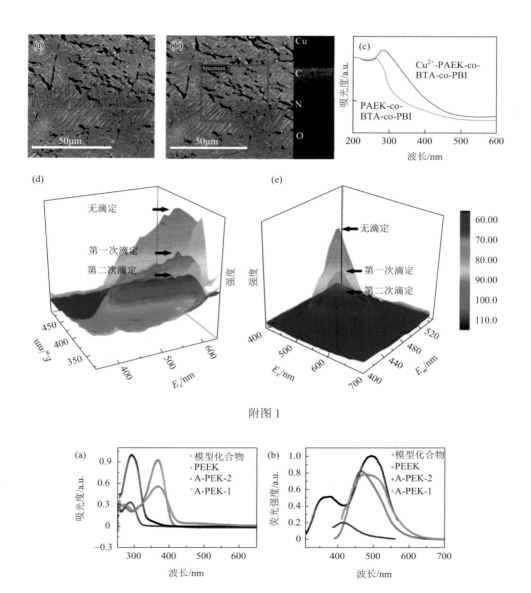

附图 1

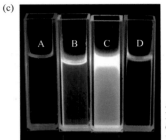

A: PEEK
B: 模型化合物
C: A-PEK-1
D: A-PEK-2

附图 2

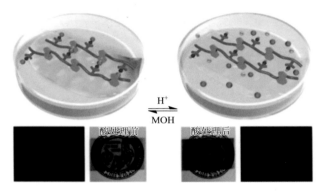

附图 3

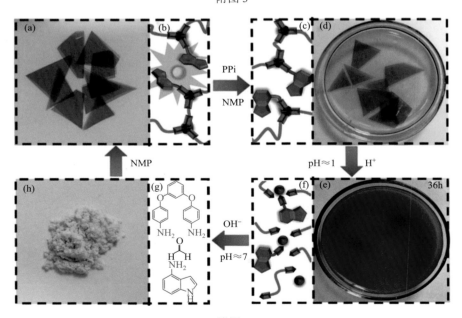

附图 4

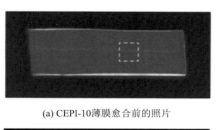

(a) CEPI-10薄膜愈合前的照片

(b) CEPI-10薄膜愈合后的照片

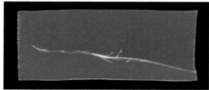

(c) 有撕裂口的CEPI-10薄膜的照片

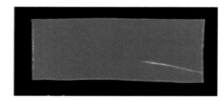

(d) CEPI-10薄膜中撕裂口愈合的照片

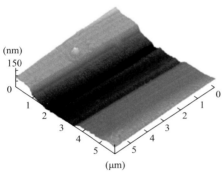

(e) 愈合前CEPI-10薄膜的AFM图

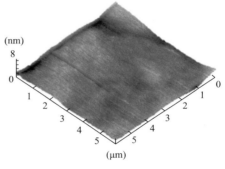

(f) 愈合后CEPI-10薄膜的AFM图

附图 5

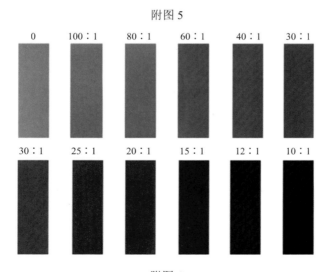

附图 6

(d)

RGB

计算结果展示

拉伸应力：145MPa

附图 7

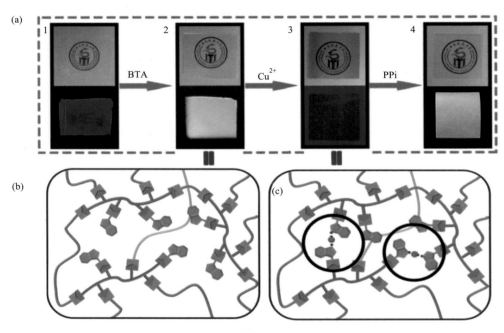

(a)

1　　2　　3　　4

BTA　　Cu^{2+}　　PPi

(b)　　(c)

附图 8

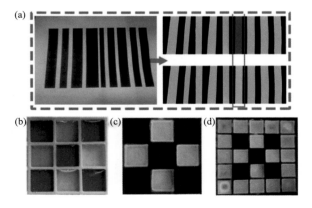

(a)

(b)　(c)　(d)

附图 9